인류세 풍경

우리 곁의 파국들과 희망들

인류세 풍경

우리 곁의 파국들과 희망들

Anthropocene Landscapes: Ruins and Hopes among Us

강남우 외 15명 지음
남종영, 박범순 엮음

일러두기

- 주석은 각 글의 끝에 정리해 두었다.
- 국립국어원의 규정을 대부분 따랐으나, 문맥상 필요한 경우에는 규정을 따르지 않기도 했다.
- 인용 문장 속 대괄호[ ]는 저자가 이해를 돕기 위해 덧붙인 것이다.
- 이 책의 출판은 대한민국 정부(과학기술정보통신부)의 재원으로 한국연구재단의 지원을 받아 수행된 연구(NRF-2018R1A5A7025409)의 일환이다.

차례

들어가며

"한 콘퍼런스에서 누군가 홀로세에 대해 이야기하고 있었습니다. 이를 듣던 나는 갑자기 잘못됐다는 생각이 들었죠. 세상이 너무 많이 변했어요. 아니, 우리는 인류세에 살고 있었습니다! 사실 인류세는 제가 그 자리에서 즉흥적으로 만들어 낸 단어였어요. 하지만 모두가 충격을 받았습니다."

'인류세'라는 말을 꺼낸 지 11년이 지난 2011년, 대기화학자 파울 크뤼천이 영국 공영방송 《BBC》 인터뷰에서 회상한 한 대목이다. 인류세, 인간의 시대. 인간을 뜻하는 단어(anthropo-) 그리고 '새로움(kainos)'을 뜻하는 고대 그리스어에서 유래한 '시대(-cene)'가 결합한 단어다.

대기 오존층 파괴의 화학 작용을 발견해 노벨상을 받은 대학자의 직관은 지질학계를 포함한 자연과학자와 사회과학자, 인류학자, 철학자 그리고 예술가에게 영감을 불어넣어 담론의 물결을 일으켰다.

11,700년 전 시작된 홀로세가 끝나고 새로운 지질시대 인류세에 들어섰음을 우리는 일상에서 목도하고 있다. 산업화 이전만 해도

280피피엠(ppm) 수준에서 균형을 이루던 대기 중 이산화탄소 농도는 불과 150년 만에 420피피엠을 돌파했다. 일상이 된 기상 이변 속에 생태계는 여섯 번째 대멸종을 향해 치닫고, 바다는 산성으로 바뀌고, 인간의 태반에는 미세 플라스틱이 침입했다.

각국 정부가 손을 놓지는 않았다. 세계는 산업화 대비 지구 평균 기온의 상승치를 1.5도 이내로 잡아 두기로 2015년 파리협정에서 합의했고, 2030년까지 지구의 육지와 해안, 해양의 30퍼센트를 보호 구역으로 설정하기로 한 글로벌 생물다양성 프레임워크(GBF)에도 2022년 도장을 찍었다. 플라스틱 수명 주기 전반에 걸쳐 오염을 예방하고 플라스틱을 점진적으로 감소·제거하는 것을 목표로 한 플라스틱 협약도 2024년까지 맺기로 했다. 그럼에도 각국의 빈약한 실행력이 좀처럼 개선되지 않으면서 목표를 달성할 수 있을지에 관한 의구심만 커지고 있다.

사회가 인류세를 받아들이는 방식도 좀처럼 바뀌지 않고 있다. 과학자들이 '경고'하면, 미디어는 '공포'로 번역하고, 대중은 '망각'하는 사이클이 들어섰다. 마치 시끄러운 화재경보기가 울려도 건물 안에서 아무렇지 않게 일하는 사람들처럼 말이다.

이 모든 사태 속에서도 언제나 자신 있는 낙관주의자들이 있다. 대기 중 이산화탄소를 포집하고, 성층권에 에어로졸을 뿌려 태양 에너지를 흡수하고, 심지어 우주 거울로 태양 에너지를 반사하는 등의 기후공학적 해결책을 선호하는 이들이다. 인류는 언제나 위기를 극복해 왔고, 이번에도 뛰어난 기술적 업적을 남기며 위대한 인류세를 건설할 것으로 믿는다. 이들에게 인류세의 주인공은 인류다. 위기를 불러온 것도 인류지만, 위기를 돌파하는 것도 인류이고, 해피엔딩의 주인공도 인류다.

반대편에는 조만간 대재앙이 닥치고 현존 세대 안에 인류가 멸종이라도 할 것처럼 이야기를 설파하는 비관론자도 있다. 하지만, 긴급한 어조와 과장된 언어로만 뭉친 공포주의(alarmism)는 사람들이 기후 이슈에 관심을 두고 기후 행동에 참여하도록 만들기보다는 사람들의 둔감함과 무관심을 강화하는 쪽으로 작용한다는 비판이 나오고 있다. 아이러니하게도 낙관과 비관, 두 극단의 입장은 '경고-공포-망각'이라는 매너리즘의 자양분을 먹고 자란다.

이 책은 인류세 시대의 낙관론과 비관론의 두 양극과 둘 사이에 접혀진 방대한 회색 영토를 펼쳐 보여 주려는 노력이다. 인류세는 결코 기후위기 그 자체가 아니며, 기후위기를 인류세의 총체적 관점 속에서 파악해야 한다는 제언을 시작으로 인류세의 개념에 대한 논의와 새로운 지질시대의 역사 그리고 인간, 동물, 인공지능, 자연이 맺는 새로운 관계 속에서 실천 전략을 탐색한다. 짧게 말하자면, 인간중심주의를 넘어서 인류세를 살아 내기 위한 관점이자 비전이다.

2024년 3월 지질학자들은 홀로세에 마침표를 찍고 인류세를 지질시대 연표에 올리는 방안에 대해 반대하는 결정을 내렸다. 하지만 그들도 인정하듯이 인류세가 이미 사회의 보편적인 개념이 되어 과학과 인문학, 사회과학과 문화예술 여러 분야에서 널리 쓰이게 되었음은 분명하다.

윈스턴 처칠은 "우리가 건축물을 만들지만 그 건축물은 우리를 만든다"는 말을 남겼다. 세계를 잘 건설하는 것만으로는 인류세를 헤쳐 나갈 수 없다. 인간이 만든 세계가 인간과 인간 너머의 세상을 어떻게 만드는지 탐구해야 한다. 우리는 인간(문화)과 자연이 나뉘어진

이원론의 세계가 아닌 자연과 문화가 얽힌 '자연문화(natureculture)'의 시대를 살고 있기 때문이다.

'하나의 솔루션이 모든 걸 설명한다'는 접근 방식 또한 인류세의 방대한 영토와 복잡한 회색 지대를 탐사할 때 유효하지 않다. 인류세의 복잡성과 입체성은 특정 관점과 솔루션으로 환원하지 않고, 각 분야에서 정립된 방법론을 통해 들여다봐야 비로소 이해할 수 있다. 이 책이 다학문적 접근을 취한 이유다.

카이스트 인류세연구센터 또한 다학문적 접근을 취한다. 인류세의 과학적·물질적·사회적 증거를 탐색하고, 새로운 미래를 모색하기 위해 2018년 설립된 인류세연구센터는 자연과학과 사회과학, 인문학을 가로지르는 다양한 분야의 연구자들이 모여 활발한 활동을 이어 가고 있다.

이 책은 카이스트 인류세연구센터의 연구원들과 함께 일한 이들이 인류세의 현장과 방대한 아카이브의 숲에서 느끼고 실험하고 분석하고 실천하며 만들었다. 에너지부터 철새 연구까지 다양한 분야에 포진해 활동 중인 과학기술학자, 생태학자, 고생태학자, 역사학자, 지리학자, 인류학자, 언론인, 예술가가 참여했다.

인류세를 연구하는 것은 시간과 공간 그리고 종을 넘나드는 여행과 같다. 이 책은 여행 경로의 중간에 새겨 놓은 경고의 표지판이자 성찰의 기록이고, 진실을 건져 올린 감상이자 냉철한 객관이다. 낙관과 파국 사이의 회색 지대에서 살아가는 인간과 비인간의 삶 그 자체이다.

이제 여행이 시작됐다. 인류세의 최전선에서 부딪히고 사유하고 깨우친 이들이 그려 놓은 지도를 들고 뛰어들길 바란다.

기후위기와 인류세의 기원

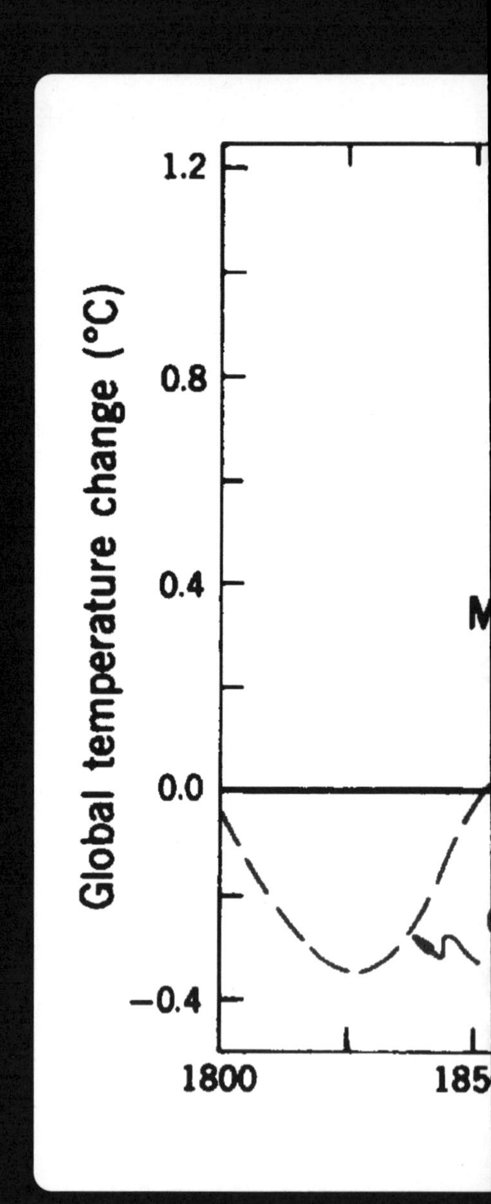

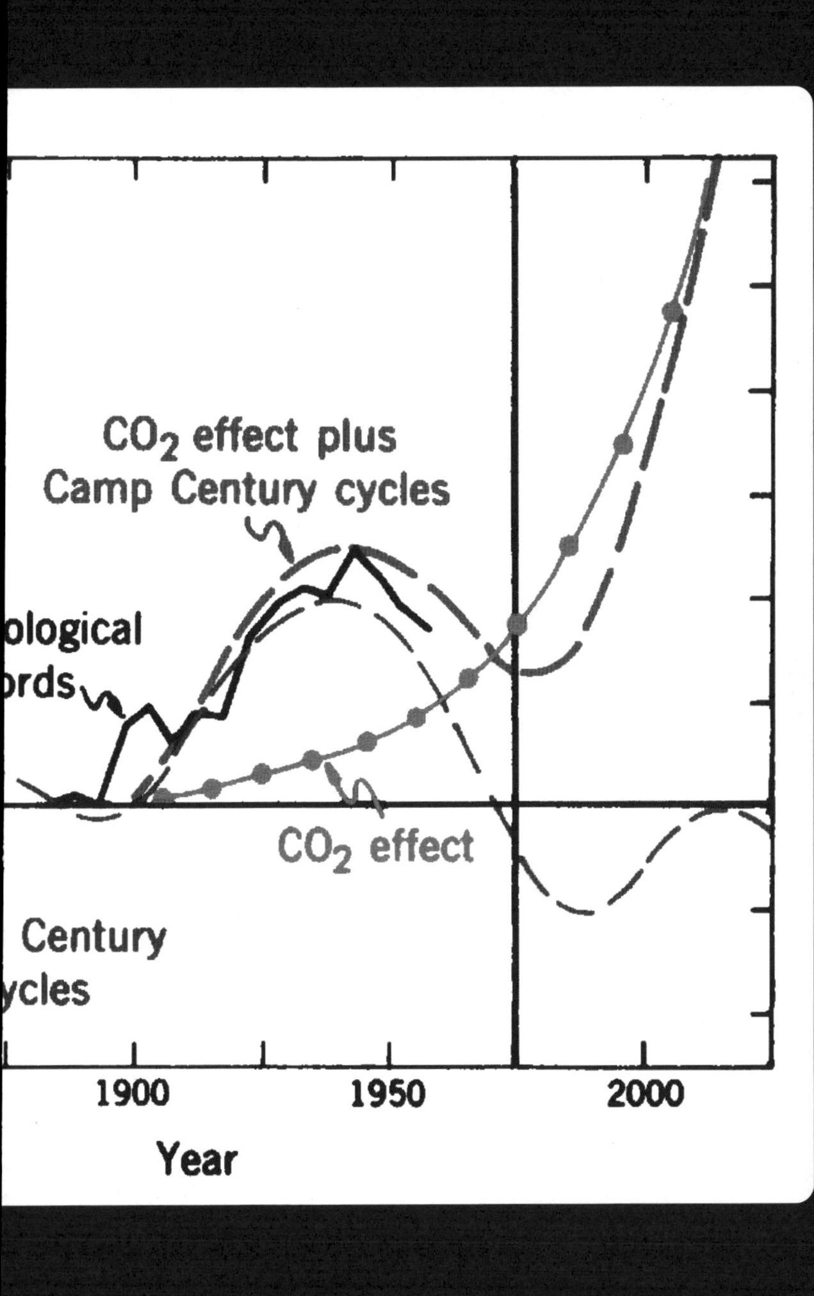

CO_2 effect plus
Camp Century cycles
ological
ords
CO_2 effect
Century
ycles
1900
1950
2000
Year

인류세는 호모 사피엔스가 강력한 지질학적 행위자가 되어 지구의 물리적·화학적·생물학적 시스템을 바꾼 지질시대다. 하지만 인류세를 바라보는 관점은 새로운 지질시대의 증거인 황금못을 추적하는 지질학뿐 아니라, 철학과 사회과학 등 다양한 학제에서도 달리 나타난다.

'개념'에서는 인류세라는 개념에 대한 혼동을 정리하고 한발 더 나아간 논의를 들려준다. 역사학자인 줄리아 애드니 토머스는 인류세는 인간이 지구 시스템에 개입하여 일어나는 징후와 현상이라면서, 기후위기는 그중 하나일 뿐으로 기후위기와 인류세를 동격으로 보는 세간의 시선에 경고를 날린다.

동시에 탄소중립 개념을 비판적으로 검토한 박선아의 글은 줄리아 토머스의 질문을 더 파고들어 간다. 탄소중립의 미래는 언제나 유토피아인가? 온실가스를 줄이기만 하면 지구의 모든 문제가 해결될 것처럼 보는 탄소 환원주의는 자본 투자와 기술 혁신에 인류의 판돈을 건다. 하지만 탄소중립이라는 납작한 렌즈로 접근할 경우 인류세를 총체적으로 볼 수 없다.

이런 측면에서 인류세가 실천적 개념으로 확장한 과정을 일목요연하게 소개한 박범순의 글은 충만한 지적 경험을 선사한다. 새로운 지질시대를 초래한 장본인은 서구 선진국과 거대 기업인데, 인류 전체를 암시하는 듯한 '인류세'라는 호명은 지구가 앓는 질병의 원인을 모호하게 만든다. 이 때문에 새로운 지질시대의 시점을 16세기로 제시하며 대안적 명칭으로서 '자본세'를 제안한 논의, 그리고 실천적 방향으로서 '툴루세'를 이야기하는 도나 해러웨이의 주장, 그리고 근대 이후 과학과 정치의 분리를 비판하는 라투르의 논의를 소개한다.

마지막으로 김수현은 신생대 제4기 고기후·고생태학의 관점에서 인류세를 탐색한다. 인류세를 지질시대가 아닌 '지질학적 사건'으로 보아야 한다는 입장, 변화의 시점을 신석기시대로 보는 인류초기개입설 등은 2024년 인류세실무단이 내놓은 초안이 지질학계에서 왜 거부되었는지를 이해하는 데 도움이 될 것이다.

인류세와 기후변화의 차이[1]

줄리아 애드니 토머스
(Julia Adeney Thomas)

미국 노터데임대학교 역사학과 교수다. 저서로는 미국 역사학회 페어뱅크상을 받은 『근대성의 재구성: 일본 정치 이데올로기에서 자연의 개념(Reconfiguring Modernity: Concepts of Nature in Japanese Political Ideology)』(2001), 『자연의 가장자리에 선 일본: 글로벌 강대국의 환경적 맥락(Japan at Nature's Edge: The Environmental Context of a Global Power)』(2013), 『역사적 거리를 다시 생각한다(Rethinking Historical Distance)』(2013), 『파시즘을 시각화하기: 20세기 글로벌 우파의 부상(Visualizing Fascism: The Twentieth-Century Rise of the Global Right)』(2020) 등이 있다. 일본 지성사, 글로벌 역사, 사진, 환경을 주요 전문 분야로 삼고 있으며, 최근에 공저 『인류세 책: 행성적 위기의 다면적 시선』이 국내에 번역·출간되었다.

김동진 옮김

카이스트 과학기술정책대학원 석사 졸업. 환경사와 인류세에 관심을 두고 한국 산업 단지의 역사를 공부하고 있다.

기후변화 너머에 '인류세(Anthropocene)'가 있다. 인간이 지구를 너무나 많이 변형시키는 바람에 진입한 새로운 시대다. 인류세라는 전례 없는 변화에 직면한 인간에게는 지구와 어떻게 관계를 맺어야 하는지에 대한 새로운 사고방식이 필요하다.

기후변화는 지구 시스템의 곤경 중 일부일 뿐이다

인류세는 인간이 우리 행성에 미친 영향을 포괄적으로 나타내기 위해 제안된 명칭이다. 인류세는 '기후변화'의 동의어가 아니며, '환경 문제'라는 말로 대신할 수도 없다. 인류세는 그보다 더 크고 충격적인 개념으로, 20세기 중반 이후 인간의 압박이 너무나 극심해져서 지구가 더 이상 견딜 수 없는 정도가 되었다는 증거들을 요약하는 용어다.

'지구 시스템(Earth System)'이라는 표현은 우리 행성의 물리적·화학적·생물학적·인간적 과정이 서로 얽혀 하나의 전체가 되었음을 나타낸다. 위성 기술이나 더 강력해진 컴퓨터 모델링과 같은 데이터 수집 기법 덕택에 지구시스템과학이 가능해졌고, 이는 우리가 지구를 이해하는 틀을 재구성했다. 기후는 이 시스템의 한 요소일 뿐이다. 기후에만 집중하면 우리는 지구가 처한 위험의 복잡한 면모를 이해하지 못하게 된다. '환경'이라는 용어는 우리가 생태계의 일부라는 점을 이해하는 데 도움이 되기는 하지만 현 상황이 전례 없이 새롭다는 점을 포착할 수는 없게 만든다. 사실 인간은 언제나 환경 속에서 살아왔기 때문이다. 아시아가 급격히 발전하기 시작한 최근에 들어서야 우리는 '환경'만이 아닌 인류세의 변화된 지구 시스템 안에서 살기 시작했다.

인류세는 새로운 사고방식을 요구한다

인류세의 도전은 다차원적이다. 5등급 초대형 허리케인, 급격한 멸종, 극지방의 빙하 유실 등 새로운 변화 현상들에 비추어 보면, 우리 미래는 그 어느 때보다 더 예측 불가능하다. 게다가 이러한 변화들은 불가역적이기까지 하다. 미국항공우주국(NASA)에 따르면, 인간종이 진화를 시작하기 한참 전인 40만 년 전부터 지금까지를 통틀어 현재의 이산화탄소 농도가 가장 높으며, 이것이 대기 온도 상승의 원인이 되고 있다.

확실히 기후가 변했다. 그뿐 아니라 지구 시스템의 다른 양상들 역시 변했다. 암석권(lithosphere)을 예로 들어 보자. 우리가 그냥 쉽게 '바위'라고 부를 수도 있는 인공 무기질 결정 화합물 종류 수는 약 19만 3천 종으로, 자연 광물 종류 수인 5천 종을 가뿐히 압도한다. 한편 83억 톤에 이르는 플라스틱이 대지와 수면, 그리고 우리의 몸속을 뒤덮고 있다. 근대적인 농산업 기술로 인해 수많은 양의 표토가 씻겨 내려가서, 이제 잉글랜드 땅에서는 60번 정도 수확을 하면 더 이상 농사를 지을 수 없게 되었다.

생물권(biosphere)도 마찬가지로 변했다. 지구가 이렇게 인간으로 붐빈 적은 없었다. 1900년에 세계 인구는 15억 명이었으며 1960년대에는 30억 명, 현재는 74억 명 이상이다. 인간과 가축은 육상 포유류 질량(zoomass)의 97퍼센트를 차지한다. 놀라운 수치다. 야생 동물이 겨우 3퍼센트에 지나지 않는다는 뜻이기 때문이다. 인간과 인간의 반려종이 서식 가능한 지표면의 절반 이상을 점거하고 있다. 수권(hydrosphere)의 경우, 담수는 매해 전체량의 1퍼센트 정도 교체된다. 그러나 현재 세계의 주요 대수층 37개 중 21개는 다시 채워지는 속도보다 빠르게, 어떤 경우에는 훨씬 더 빠르게 말라 가고 있는 중이다.

지구의 화학 성분 또한 변했다. 해양의 온도가 상승해 식물성 플랑크톤의 산소 생산이 방해받고 있다. 몇몇 과학자는 2100년쯤에는 지금보다 온도가 섭씨 6도 상승하고, 그러면 식물성 플랑크톤에 의한 산소 생산이 중단될 수도 있다고 예측한다. 인간의 질소 고정(fixed nitrogen) 생산량은 60년 전과 비교해 다섯 배 늘었다. 질소 고정이란 대기 중 질소를 생물체가 이용할 수 있는 암모니아 형태로 바꾸는 생물학적 과정이다. 지구의 45억 년 역사 동안 질소 고정량이 지금처럼 많았던 적은 없었다. 제2차 세계 대전 이후 합성 화학물 생산량도 30배 이상 늘었다. 8만 종의 새로운 화학 물질 중 미국 환경보호국(EPA)이 인체 건강 위험성을 시험한 것은 고작 200종에 지나지 않는다.

인류세는 위와 같은 각각의 문제 상황에 대한 우려를 내포하는 것은 물론, 위 상황들을 통합해 지구를 이해하게 하는 개념이다. 이 개념을 통해 우리는 예측하기 어려운 임계점(tipping point)이 있는 하나의 순환 구조(feedback loop)이자 반향(reverberating) 시스템으로서의 지구에 대해 다시 논의할 수 있다.

내적으로 연관된 인류세의 시스템적 특징이 가리키는 것은 현 상황이 하나의 문제(problem)로 인한 것이 아니라 다차원적인 곤경(predicament)에 처했다는 점이다. 일반적으로 하나의 문제는 한 분야의 전문가가 만들어 낸 기술적 수단 하나로 해결할 수 있다. 하지만 곤경이라는 말은 다양한 종류의 자원과 아이디어가 필요한 어려운 상황을 나타낸다. 우리는 곤경을 해결한다기보다는 헤쳐 나간다. 과학자, 정책 입안자, 사회과학자, 인문학자, 공동체의 지도자들이 협력해야 우리는 인류세와 씨름할 수 있다. 물론 기술 개발도 중요하지만 가장 어려운 과제는 우리의 정치·경제 체제를 바꾸는 것이다. 유엔의 2,400만 달러짜리 새천년 생태계 평가보고서(Millennium Ecosystem Assessment, 2005)조차 우리의 현행 체제가 이 과제를 다룰 준비가 되어 있지 않다고 결론 내렸다. "정책, 제도, 실천에 있어 중대한 변화는 아직 이루어지지 않고" 있는데, 바로 그런 변화가 우리에게 필요한 것이다.

기후변화에 대한 일차원적 사고방식의 위험성

그렇다면 세계 문제의 대부분을 혁신으로 해결할 수 있다고 믿는 기술 낙관주의자가 틀린 것일까? 이 질문에 대해서는 그들이 전적으로 틀렸다기보다 그들이 편협한 용어로 편협한 사안들을 다루고 있다는 점에서 방향을 잘못 잡고 있다고 답할 수 있다. 그들은 환경 문제의 총체성을 언급하며 시작해 놓고 기후변화에 초점을 맞추면서 끝내기 일쑤다. '기후변화'를 이산화탄소 배출 문제로 축소하는 경우도 종종 있다. 이산화탄소 외에, 메탄 같은 다른 온실가스조차 간과한 채 말이다.

대표적 기술 낙관주의자로 꼽히는 경제학자 제프리 삭스(Jeffrey Sachs)는 화석 연료를 풍력으로 대체하자고 주장한다. 자신과 비슷한 입장의 다른 사람들과 마찬가지로, 제프리 삭스는 확신에 찬 어조로 천연자원과 경제 성장의 '분리'에 대해서 말하곤 한다. 새로운 기술 및 시장의 가격 조절 장치를 통해 "핵심 자원(물,

공기, 토지, 다양한 종의 서식지)에 대한 압박과 오염을 증가시키지 않고 오히려 감소시키면서 성장을 지속할 수 있다"는 것이다. 요컨대 생태계를 파괴하지 않으면서도, 후손 세대를 빈곤하게 만들지 않으면서도, 그리고 우리의 정치·경제 체제를 굳이 변형하지 않으면서도 증가하는 인구(2023년에는 80억 명에 이를 것으로 예상)를 부양할 수 있다는 주장이다. 약간만 손본다면 현 상태로도 괜찮다는 입장인 셈이다. 이런 기술 낙관주의를 인류세적 관점에서 검토해 보자.

대다수 연안용 풍력 터빈의 핵심 원료는 희토류(rare earth metals)이고, 중국이 이 원료에 대한 세계 수요의 90퍼센트를 독점적으로 공급하고 있다. 그런데 주요 생산지인 중국 동남부 장시성의 광산들에서 희토류가 빠르게 고갈되어 가고 있다. 더구나 채광 자체에 들어가는 환경 비용과 사회 비용도 어마어마하다. 탐사 보도 기자인 류 훙치아오(Liu Hongqiao)에 따르면 "희토류 광석(희토 산화물) 1톤을 생산할 때 200세제곱미터의 산성 폐수가 발생한다는 연구 결과가 있다. 2050년까지 풍력 터빈을 가동시키기 위해 중국이 생산하고자 하는 희토류는 (…) 8천만 세제곱미터의 폐수를 방출시킬 것이다." 터빈을 가동하려면 채굴된 희토류를 수송하고 가공해야만 한다. 그리고 일단 터빈들을 설치하면 유지해야 하고 이 과정에서 더 많은 자원을 쓰게 된다. 궁극적으로 터빈은 쓰레기가 될 것이고, 이미 쓰레기로 가득한 지구에 쓰레기를 추가하게 될 것이다. 큰 그림을 그려 보면 풍력 터빈이 딱히 탈물질적이거나 저탄소 해결책이라고 말하기 어렵다.

문제를 '기후변화'로, 나아가 '이산화탄소'로 좁히다가 마침내 에너지 생산 과정에서의 이산화탄소 배출량 측정 문제로 좁혀 버린다면 우리가 겪고 있는 딜레마는 완전히 왜곡되고 만다. 우리가 처한 곤경의 총체성을 다루기 위해서는 인류세적 관점이 필요하다.

땜질을 넘어 총체적 변화가 필요하다

물론 기후변화를 늦추는 일은 중요하다. 그러나 도전을 헤쳐 나가기 위해서는 기후변화가 지구의 수용 한계를 위협하는 여러 측면 중 하나에 불과하다는 사실도 반드시 이해해야만 한다. 애초에 수용 한계까지 지구를 몰아붙였던 바로 그 체제 안에서 기술적인 땜질만 한다고 해서 이미 변화되고 예측 불가능해진 지구 시스템의 도전을 이겨 낼 수는 없다. 이제는 제대로 된 회복을 목표로 삼고 우리의 정치·경제 체제를 변형하는 어려운 과업을 시작해야 한다.

1 이 글은 홍콩대학교 아시아글로벌연구소가 발행하는 웹진 『아시아글로벌 온라인(AsiaGlobal Online)』(2019.1.10)에 게재되었다. 'Why the "Anthropocene" Is Not "Climate Change" and Why It Matters'가 제목인 원문은 다음에서 찾아볼 수 있다. https://www.asiaglobalonline.hku.hk/anthropocene-climate-change.

실천적 개념으로서 인류세, 그리고 인간의 역할

박범순

과학의 여러 분야 사이에서 새로운
지식과 기술이 등장하고 사회에서
수용되는 과정을 연구하는
과학사학자이며, 과학기술학의
방법론을 사용해 정책적 이슈를
다루고 있다. 최근에는 합성생물학,
인공지능, 인류세 등의 개념이
던진 인류 생존과 미래 문명에
대한 문제를 연구하고 있다. 현재
카이스트 과학기술정책대학원 교수로
인류세연구센터의 센터장을 맡고 있다.

과학적 개념으로서의 인류세

인류세는 새로운 지질시대를 지칭하는 과학적 개념이면서, 인간-자연-사회의 새로운 관계 정립을 요구하는 실천적 개념이다. 이 개념은 노벨상을 수상한 대기화학자 크뤼천(Paul Crutzen)이 21세기 초에 제안한 것으로 알려져 있지만, 사실 그보다 먼저 이 개념을 쓰기 시작한 사람은 그의 동료인 생태학자 스토머(Eugene Stoermer)였다. 인류의 활동으로 지구가 변형되고 있으며 그 힘의 크기와 보편성을 고려할 때 인간의 영향력을 새로운 지구적 힘으로 간주해야 한다는 관점은 이미 19세기 중반부터 나오기 시작했다. 20세기에 들어서는 러시아의 지질학자 베르나츠키(V. I. Vernadsky)가 여기에 이론적 프레임을 더했다. 그는 지구를 생물권(biosphere), 암석권(lithosphere), 대기권(atmosphere), 수권(hydro-sphere), 인류권(anthrosphere)으로 나누어 각 권역 사이의 역동적 상호 작용을 연구했는데, 인류의 힘이 증가하여 주변에 점점 더 큰 영향을 끼치고 있음을 지적했다. 조금 다른 각도에서 프랑스 예수회의 드샤르댕(P. Teilhard de Chardin)과 르루아(Édouard Le Roy)는 인간의 사고 능력과 기술 개발이 환경을 변화시키기 때문에 '정신권(noösphere, 누스피어)'이란 용어를 제안하기도 했다.

이 모든 개념이 지구의 역사에서 인류가 핵심적인 행위자(agency)로 등장했음을 가리키며, 그만큼 인류가 감당해야 할 책임이 커졌음을 뜻한다. 매우 오랜 시간에 걸쳐 조금씩 변하는 지구의 역사 중, 약 만 년 전에 시작된 홀로세에 번성하기 시작해 지배적인 생물종의 위치에 오른 인류가 지구의 미래에 직접적인 영향을 주고 있다는 것이다. 예컨대 크뤼천과 스토머는 2000년에 함께 쓴 글에서 "지구와 대기에 영향을 주는 인간의 활동들을 지구적인 규모에서 고려해 볼 때, '인류세(anthropocene)'라는 용어를 사용하여 지질학과 환경학에 있어 인류의 중심적인 역할을 강조함이 더욱 적절할 것"이라고 하면서, 다음과 같이 인류의 책임감 있는 개입을 강조했다. "거대한 화산 폭발, 예상치 못한 전염병, 대규모의 핵전쟁, 소행성 충돌, 새로운 빙하기, 아직은 원초적인 기술에 의한 지구 자원의 지속적인 약탈 (…) 같은 큰 재앙이 없다면, 인류는 다가올 수천 년, 수백만 년 동안 주요한 지질학적 힘으로 남게 될 것이다. 인류가 초래한 문제에 맞서 지속 가능한 생태계를 이룰 수 있고 세계적으로 인정받는 전략을 개발하는 것은 인류의 중요한 미래 과제 중 하나가 될 것이며, 이를 위해선 치열한 연구와 함께 지식 사회 또는 정보 사회로 잘 알려진 정신권에서 획득한 지식을 현명하게 적용할 필요가 있다."[1]

그렇다면 누가, 어떤 일을, 무엇부터, 어떻게 할 수 있을까? 과연 인류가 초래한 일을 인류가 중심이 되어 해결할 수 있을까? 다른 형태의 인간중심주의로 회귀하게 되지는 않을까? 인류세 개념의 유용성에는 동의하더라도 이 개념의 실천적 의미와 철학적 가정에 대해서는 의견이 서로 다를 수 있는 이유가 여기에 있다. 인류세 개념에 대한 실천적 관점의 지형도는 대략 다음과 같이 그려 볼 수 있다.

먼저, 크뤼천과 스토머는 과학자의 입장을 잘 보여 준다. 그들은 "흥미진진하지만 어렵고도 벅찬 이 과제"에 전 세계의 연구자, 특히 공학자들이 적극적으로 참여할 것을 호소하면서,

과학 기술이 문제 해결의 실마리를 제공해 줄 것이라 믿었다.[2] 실제로 크뤼천은 행성공학적인 관점에서 태양광을 일부 차단할 수 있는 화합물의 에어로졸을 대기 상층에 뿌려 지구를 냉각시키는 방법으로 지구온난화를 해결하자고 제안하기도 했다.[3] 최근 한국에서 미세먼지 대책으로 서해상에 인공 강우 실험을 한 것도, 실패로 끝나기는 했지만 같은 맥락으로 볼 수 있다.

실천적 개념으로서의 인류세 1: 에코모더니즘과 자본세

크뤼천과 스토머의 생각처럼 지구 시스템에 대한 연구와 관리를 통해 전 지구적 '문제'를 해결할 수 있을 거라는 에코모더니즘(ecomodernism)적인 관점은 이 문제의 근본적인 발생 원인을 탐구하는 인문사회과학자들로부터 거센 비난을 받았다. 말하자면, 지구가 아픈 상황인데 질병의 원인에 대한 고찰 없이 치료만 하는 것은 부분적이고 한시적일 뿐만 아니라 문제를 악화시킬 수 있다는 것이다. 인문사회과학자들의 진단은 일반적으로 서구 역사에 대한 깊은 성찰에서 시작한다. 16세기 자본주의 생산 양식의 출현, 17~18세기 과학혁명과 이성의 시대 도래, 18세기 후반에 시작한 산업혁명 등을 통해 일어난 가장 큰 변화가 인간중심적인 사고와 활동의 증대인데, 바로 여기에 문제의 원인이 있다고 본다. 즉, 이러한 역사적 과정에서 나타나고 다듬어진 서구 사회의 특징적인 삶의 양식인 '근대성(modernity)'을 반성하는 데서 출발해야 한다는 것이다. 정신세계와 물질세계를 이분법적으로 나눈 데카르트의 철학에서 볼 수 있듯이, 자연을 수동적인 객체로 간주하고, 사고할 수 있는 유일한 주체인 인간이 자연의 물질을 마음껏 경쟁적으로 가져다 쓰고 개발하는 것을 용인한 근대성에서 생태 파괴의 원인을 찾는다.

사실 여기까지는 많은 인문사회과학자가 동의하는 바이다. 그러나 근대성을 어떻게, 어느 정도까지 비판해야 하는지에 대해선 다양한 관점이 제시되었다. 근대성 극복을 뜻하는 '포스트모더니즘', 근대성의 이원론에 비판의 날을 세운 '포스트구조주의', 인간중심주의의 극복에 초점을 맞춘 '포스트휴머니즘' 등 여러 사조가 나왔고, 극복보다는 수정·보완이 더 적절하다는 뜻에서 '성찰적 근대성' 또는 '후기 근대성'이란 용어도 제안되었다.

따라서 어떤 이는 인류세 개념이 그동안 논의되었던 근대성 비판의 새로운 포장 방식에 불과하고 자본과 권력의 역사적 특수성을 간과하기에 허술하다고 질타한다. 예컨대 사회학자인 무어는 '인간의 시대'를 뜻하는 '인류세'보다는 '자본의 시대'를 나타내는 '자본세(Capitalocene)'라는 용어를 제안하면서 16세기를 새로운 시대의 기점으로 봐야 한다고 주장한다.[4] 약간 말장난 같아 보이지만, 실제로 자본세는 인류세라는 용어 자체가 가져온 논쟁에 일종의 대안을 제시한다는 점에서 유용하다. 즉, 새로운 지질시대를 초래한 장본인은 서구 선진국인데 '인류'란 이름으로 전 세계 모든 민족과 모든 국가에 책임을 전가하는 것은 정당한지, 과연 정치·경제 권력의 불균형을 고려하지 않고 책임을 논하는 것이 가능한지의 문제를 다룰 때 자본세 개념이 편리한 것이다. 자본세 개념은 확실히 지역의 문제와 국제 관계를 함께 분석할 수 있다는 장점이 있다. 하지만 19세기 이전에 대해서는 전 지구적인 교란의 징후를 찾기 어렵기 때문에, 시대 구분의 구체적인 물적 증거를 찾는 지질학자에게 16세기를 기점으로 보는 자본세 개념은 공허하게 들릴 수 있다.5

인류세의 문제를 인문사회 분야에 끌어오는 데 매우 중요한 역할을 한 역사학자 차크라바르티는 인류세 문제에 대한 자본주의적 해석에 타당성이 있음을 인정하지만 문제 해결에 어떤 도움을 줄 수 있을지에 대해선 회의적인 입장이다. 자본세에서는 전 지구적 파국이 설정되어 있지 않기 때문이다. 그는 "몇몇 좌파 학자가 자본가와 같은 방식으로 말하는 것이 아이러니하다. 기후변화를 부정하지는 않지만 그것이 얼마나 심각하든 간에 언제든지 해결할 수 있다고 믿는 것이다"라고 말한다. 주기적으로 찾아오는 경기 변동(business-cycle)처럼 어려운 시기가 지나면 회복의 기회가 찾아올 것이라고 믿거나 자본주의 모순을 극복하면 문제를 해결할 수 있을 것으로 설명하는 것은 일종의 착시 현상을 일으킬 수 있다는 것이다. 기후변화와 같은 행성 차원의 현상은 "일반적인 위기관리 전략에 따라 조절할 수 있는 표준적인 '환경 위기'"가 아니라 "예측할 수 없지만 실제적"인 문제이기 때문이다. 차크라바르티는 이 현상이 선진국과 후진국, 부유층과 빈곤층 모두에게 영향을 미침을 강조한다. 물론 모두 같은 방식으로 영향을 받지는 않고, 부자들은 재난에 더 잘 대처할 수 있는 자원이 있기에 상대적으로 안전함을 누릴 수 있지만, 지구 시스템 전체에 균열이 온 상황에선 개인적인 부로 곤경을 헤쳐 나가는 것에도 한계가 있다는 것이다.6

실천적 개념으로서의 인류세 2: 대농장세, 툴루세, 가이아 2.0

한편 페미니즘 관점에서 포스트휴머니즘 연구를 개척한 해러웨이는 대농장 제도의 등장을 자본주의적 생산의 새로운 기점으로 보자는 일군의 학자에 동조해 '대농장세(Plantationocene)'라는 용어의 사용에 관심을 보인다. 사탕수수, 목화 재배 대농장 시스템과 같이 한 가지 농작물을 억압된 형태의 노동력을 활용하여 생산하고 잉여 자본을 만들어 내는 것은, 산업혁명 이후 등장한 화석 연료 기반 대규모 기계 공장 시스템뿐만 아니라 공장식 육류 생산 및 단일 작물을 재배하는 기업식 영농의 원형이 되었다고 보기 때문이다.[7]

그렇다면 대농장과 같은 생산 시스템을 극복하는 길은 어디에 있을까? 해러웨이는 무수한 생명체가 공생하며 분해와 재생산을 반복하는 장소로서 땅이 가진 역량에 주목한다. 여기에는 인간과 비인간의 구분이 없고, 생명과 비생명이 무수한 내부 작용을 통해 얽혀 있다. 마치 인간은 흙에서 와서 흙으로 돌아간다는 평범한 경구를 받아들인 듯, 해러웨이는 포스트휴머니스트라기보다는 퇴비주의자(compost-ist)로 불리길 선호한다. 이렇게 촉수처럼 사방으로 뻗어 있는 지하의 힘을 강조하기 위해 그리스어로 땅을 의미하는 톤(chthon)을 어원으로 하여 '툴루(chthulu)'라는 단어를 만들고, 인류, 자본, 대농장 같은 것들보다도 툴루가 대표하는 시대라는 의미에서 '툴루세(Chthulucene)'라는 용어를 쓰자고 제안한다.

해러웨이의 툴루세는 단순히 인류세, 자본세, 대농장세와 같은 용어를 대체하기 위해서 고안된 것 같지는 않다. 그는 툴루세라는 용어에서 탈인간중심적인 사상을 드러내 보였지만, 그보다 더 중요한 점은 이 용어를 가지고 문제 해결의 실마리를 찾고 희망을 심으려 한 것이다. 해러웨이에게 인류세는 하나의 '세'라기보다는 '경계 사건(boundary event)'에 불과하기에, 우리가 해야 할 것은 "인류세를 가능한 짧고 얇게 만드는 것이며, 상상할 수 있는 모든 방식을 동원하여 피난처를 다시 채울 수 있는 다음 세를 서로 발전시키는 것"이다. 해러웨이는 인류를 포함한 풍부한 다종(multispecies) 집합이 공동으로 번영하기 위해선 근본적으로 친족(kin)이 누구인지 다시 질문하고, 생물, 무생물을 포함한 것들과 '친족 만들기' 작업을 하는 것이 중요하다고 생각한다. 따라서 그의 툴루세는 '지금'이라는 시간성을 뛰어넘어 '친족 만들기'가 활발히 진행되고 있는 상태, 즉 "과거, 현재, 앞으로 올 이 모든 것을" 의미한다. 이런 점에서 툴루세는 희망의 메시지를 던진다.8

해러웨이의 이런 논의가 편안한 의자에서 사유를 즐기는 철학자의 말장난처럼 보일 수 있지만, 절대 그렇지 않다. 그는 우리가 멸종의 가장자리에 놓여 있음을 직시하고 있고, 시스템 붕괴는 스릴러 영화 속 이야기가 아님을 알고 있다. 갈 곳을 찾아 헤매는 난민의 절박함이 그의 메시지에 묻어 있다.

과학기술학 분야에서 근대성이 초래한 문제를 오랫동안 탐구해 온 라투르도 인류세 논의에 적극적으로 뛰어들었다. 크뤼천과 스토머가 인류세 용어를 제안하기 이전부터 그는 '근대화'의 대안으로 '생태화'를 모색하고 있었고,9 수많은 저작에서 과학과 정치, 자연과 문화, 인간과 비인간, 생명체와 비생명체가 분리된 적은 없었다고 주장하고 있었다. 라투르는 『가이아 마주하기(Face à Gaïa)』라는 책의 서문에서 과학자들이 인류세 논의를 제기했을 때의 반가운 충격을 다음과 같이 회고한다.

> 우리는 여전히 인간과 비인간의 연계 가능성을 논의하고 있는데, 과학자들은 같은 내용을 완전히 다른 스케일로 이야기하는 여러 방식을 개발하고 있었다. '인류세', '거대한 가속(the great acceleration)', '행성적 한계(planetary limits)', '지구역사(geohistory)', '임계점(tipping points)', '결정적 영역(critical zones)' 등, 책의 내용이 진행되면서 이 놀라운 용어들을 보게 될 텐데, 이것들은 과학자들이 인류의 활동에 반응하는 것처럼 보이는 지구를 이해하기 위해 노력하면서 고안한 것들이다.[10]

라투르는 지금을 마치 프랑스 혁명기처럼 '구체제'가 '신체제'로 전환되고 있는 시점으로 이해하면서, 신체제는 다름 아닌 '새로운 기후 체제'라고 보았다. 과학과 정치가 완벽히 혼합된, 자연과 문화의 구분을 찾을 수 없는 상황이라는 것이다. 그는 인류세라는 "이 새로운 지질시대의 이름이 '근대' 및 '근대성'의 관념으로부터 영원히 벗어나는 시도를 하는 데 가장 적절한 철학적, 종교적, 인류학적 그리고 (장차 두고 보겠지만) 정치적 개념이 될 것"이라고 하면서,[11] 이 개념을 통해 이산화탄소의 물질성, 정치적 관계,

인간과 물질의 행위성 같은 것들을 더 잘 이해할 수 있다고 보았다.

가이아 가설의 재해석

새로운 기후 체제에 대한 논의를 더 정교하게 하려고, 라투르는 '가이아(Gaia)' 가설에 대한 새로운 해석을 시도한다. 1970년대에 지구과학자 러브록(James Lovelock)과 미생물학자 마굴리스(Lynn Margulis)에 의해 발전된 이 가설은 지구를 하나의 유기체처럼 생물과 무생물이 상호 작용하며 일종의 항상성을 유지하는 시스템으로 보는데, 라투르는 여기에 그가 평생에 걸쳐 작업했던 '행위자-네트워크 이론(Actor-Network Theory)', 즉 인간-비인간, 생명체-비생명체가 네트워크로 연계되면서 정치사회적 힘을 갖게 된다는 이론을 적용하여 철학적 의미를 더했다.[12]

지구시스템과학자 렌턴과 함께 2018년에 쓴 「가이아 2.0」 논문은 라투르의 관점이 어떻게 발전하고 있는지 잘 보여 주고 있다. 인류는 이제 그들의 활동이 지구를 변화시키고 있음을 알고 있기에 가이아의 자기-규제에도 적극적으로 개입할 수 있고, 또한 그래야만 한다. 과학은 가이아의 감각 기관으로서 변화의 방향과 규모를 계속 알려 주고, 인류는 여기에 정책적·윤리적 가이드를 제시해야 한다는 것이다.[13]

과학 개념인 동시에 세상을 바꾸고자 하는 실천적 메시지이기도 한 인류세는 앞으로도 계속 새로운 논의를 만들어 낼 것이다.

1 Paul J. Crutzen et al., "The 'Antropocene'", *Global Change Newletter* 41, 2000.5, pp. 17~18.

2 Paul J. Crutzen et al., ______.

3 Paul J. Crutzen, "Albedo Enhancement by Stratospheric Sulfur Injections: A Contribution to Resolve a Policy Dilemma?", *Climatic Change* 77, 2006, pp. 211~219.

4 이에 대한 논의는 Jason W. Moore, "The Capitalocene, Part I: On the Nature and Origins of Our Ecological Crisis", *Journal of Peasant Studies* 44(3), 2017, pp. 594~630 또는 Jason W. Moore(eds.), *Anthropocene or Capitalocene? Nature, History, and the Crisis of Capitalism*, PM Press, 2016 참조.

5 클라이브 해밀턴, 『인류세: 거대한 전환 앞에 선 인간과 지구 시스템』, 정서진 옮김, 이상북스, 2018, 55~59쪽.

6 디페시 차크라바르티, 「기후 변화 정치학은 자본주의 정치학 그 이상이다」, 박현선 외 옮김, 『문화과학』 97, 2019 봄, 143~161·151~152쪽. 원문은 Dipesh Chakrabarty, "The Politics of Climate Change Is More Than the Politics of Capitalism", *Theory, Culture, and Society* 34(2~3), 2017, pp. 25~37. 인류세를 인문사회과학자들의 관심 영역으로 끌어오는 데 중요한 역할을 한 논문으로는 Dipesh Chakrabarty, "The Climate of History: Four Theses", *Critical Inquiry* 35(2), 2009, pp. 197~222 참조.

7 도나 해러웨이, 「인류세, 자본세, 대농장세, 툴루세: 친족 만들기」, 김상민 옮김, 『문화과학』 97, 2019 봄, 162~173쪽. 원문은 Donna Haraway, "Anthropocene, Capitalocene, Plantationocene, Chthulucene: Making Kin", *Environmental Humanities* 6, 2015, pp. 159~165.

8 비록 시대 구분을 의미하는 것 같은 툴루세 용어를 쓰지만, 시간성에 사로잡히는 것을 뜻하지는 않는다는 점에 대해선 위 논문 각주 7을 참조.

9 예를 들면, Bruno Latour, "To Modernize or to Ecologize? That's the Question", in B. Braun et al.(eds.), *Remaking Reality: Nature at the Millenium*, Routledge, 1998, pp. 221~242.

10 Bruno Latour, *Facing Gaia: Eight Lectures on the New Climatic Regime*, Catherine Porter(trans.), Polity Press, 2017, p. 3. 2013년 라투르가 에든버러대학교에서 기포드 강연(Gifford Lectures)을 했던 내용을 모아 발간한 이 책은 프랑스어로 2015년에 나왔다.

11 위의 책, p. 116.

12 인류세를 직시하고 대처하며 살아갈 수 있는 이론적 틀을 제시하고 있는 해러웨이와 라투르에 대해, 탈인간중심주의를 너무 멀리 밀고 나가서 오히려 인간의 역할을 축소하는 함정에 빠진 포스트휴머니스트라고 평가하는 사람들도 있지만, 과연 그러한 평가가 합당한 것일까? 호주의 철학자 해밀턴(Clive Hamilton)은 포스트휴머니즘과 에코모더니즘을 동시에 비판하면서 인간의 윤리적인 개입을 강조하기 위해 '신인간중심주의'를 주창했다. 그러나 실천 방법 측면에서 볼 때, 해밀턴의 논의가 해러웨이나 라투르가 제시한 것보다 더 구체적이라고 보기는 어렵다. 클라이브 해밀턴, 『인류세』, 정서진 옮김, 이상북스, 2018, 각주 5 참조.

13 Timothy M. Lenton et al., "Gaia 2.0", *Science* 361, 2018, pp. 1066~1068.

신생대 제4기 고환경 변화와 인류세[1]

김수현

카이스트 인류세연구센터
박사후연구원. 신생대 제4기 과거 기후,
환경 변화사를 연구한다.

현재 인류가 초래한 기후변화와 환경문제에 대한 위기의식과 맞물려 '인류세 개념(Anthorpocene concept)'은 지질학을 넘어 생태학 및 다양한 인문사회과학 분야에서 널리 활용되고 있다. 하지만, 지질시대로서의 인류세는 지질분과 중 하나인 층서학계에서 신생대 제4기(Quaternary)의 마지막 지질시대로 공표되지 못한 비공식 용어일 뿐이다. 이 글에서는 신생대 제4기의 지구 환경 변화를 연구하는 또 다른 지질분과인 제4기 고기후·고생태학을 소개하고, 인류세 지정과 관련된 지질학계 내의 최근 논쟁을 간략히 다루고자 한다.

제4기 고기후·고생태학과 지구온난화

먼저 '제4기 고기후·고생태학'의 명칭부터 살펴 보자. '제4기'는 약 258만 년 전부터 현재까지의 시기이고, '고기후·고태생학'은 제4기 동안 지구에 일어난 기후, 생태, 해수면 등의 다양한 환경 변화를 연구한다. 사실 제4기는 지질학적으로 그리 길지 않다. 지구 나이 약 45억 5천만 년이 24시간이라면, 제4기는 약 5초에 불과할 뿐이다〈1〉. 하지만, 겨우 약 30만 년(0.57초) 전에 출현한 현생 인류(*Homo sapience*)가 일으킨 극심한 기후변화가 요동치는 시기이기도 하다. 따라서, 제4기 고환경사(史)는 인류가 앞으로 직면할 기후, 생태계의 변화를 규명하고 예측하는 데 중요하다. 이제 100년 남짓 축적된 기상 관측기와 생태 조사 기록만으로는 장기간의 기후변화 패턴, 추세, 규모에 대한 정보를 충분히 제공하는 데 한계가 있기 때문이다〈2〉.

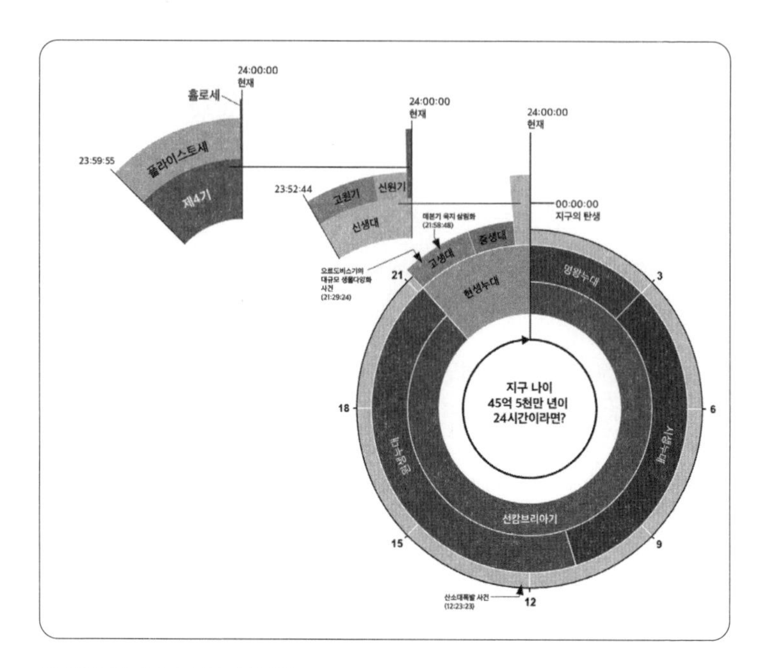

〈1〉 지질연대표가 24시간이라면?2

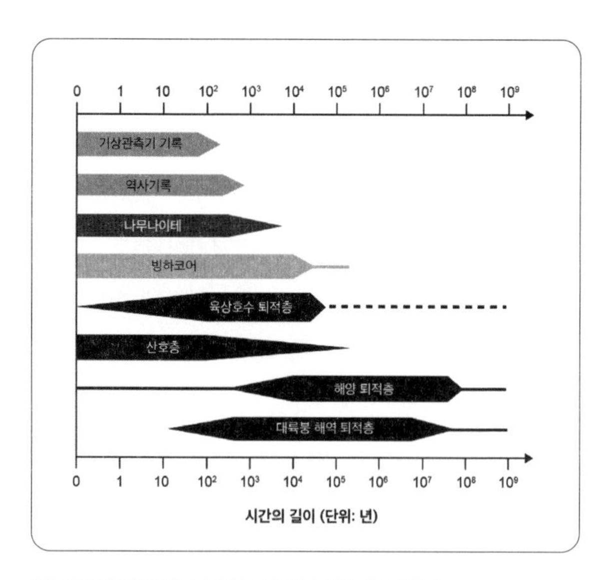

〈2〉 고환경아카이브들과 관측 기록들의 측정 시간 범위3

지구온난화(Global warming)란 용어는 제4기 고기후학자에 의해 과학계에 본격적으로 소개되었다. 컬럼비아대학교 고기후학 교수 고(故) 월리스 브뢰커(Wallace S. Broecker)는 1975년 『사이언스』에 파격적인 논문 한 편을 게재했다.4 당시 북반구의 기온은 1940년대 중반부터 하강 곡선을 그리고 있었지만, 브뢰커는 화석 연료에서 배출된 대기 중 이산화탄소의 온실 효과로 연 평균 온도가 2010년까지 약 0.8도 증가될 것임을 추정하였다〈3〉.

브뢰커는 아주 단순한 수치 모델을 이용해 온도 상승값을 도출했다. 브뢰커 수치 모델의 입력 변수는 오직 세 개, 대기 중 이산화탄소 증가율, 2.4도 기후 민감도(Climate sensitivity), 자연적 기온 변동성이었다. 이 중 마지막 변수는 장기적 관점에서 연 평균 기온의 상승-하강 주기를 나타냈다. 기온의 주기적 변동성에 대한 함수는 그린란드 캠프 센추리 빙하 코어의 800년간의 산소 동위원소비 기록으로부터 도출되었다. 이 고기후 데이터는 1975년 당시 30년간 지속된 한랭화의 배경을 설명하고, 1975년 이후 온실가스 효과로 인해 비약적으로 상승될 이상 기온 현상을 부각시켰다. 브뢰커의 예측은 거의 정확했고, 그는 '지구온난화의 아버지'라는 칭호를 얻었다.

제4기 고기후·고생태학의 연구 시료와 범위

제4기 고기후·고생태학 연구 시료는 일반적으로 시간층서(chronostratigraphy)적 형질을 지닌 물질들이 선호된다. 이들은 시간 흐름 순서에 따라 차곡차곡 축적된 유·무기물들이 쌓여 형성된 층들을 지니며, 그 층위가 그대로 간직된 자연의 아카이브(natural archive)이다. 제4기는 비교적 최근의

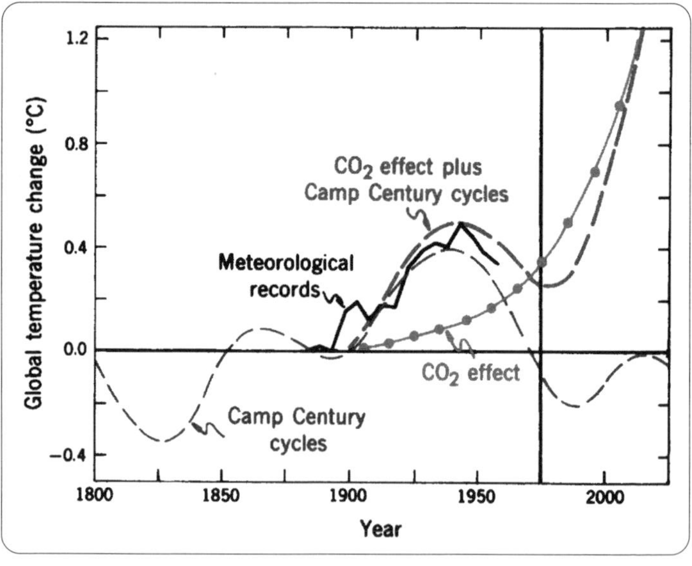

〈3〉 윌리스 브뢰커(1931~2019)와 브뢰커의 지구온난화 수치 모델5

지질시대이기 때문에 현재까지 남아 있는 시간층서적 매체의 양과 종류가 많은 편이다. 호수, 습지, 하천, 뢰스(loess)의 퇴적층, 종유석(speleothem), 나무 나이테(tree ring), 해저 퇴적층, 산호초(coral reef), 극지방과 고산 지대의 빙하(glacier)등이 대표적이다. 이런 고환경아카이브들(paleoarchives)은 육지, 해양에 걸쳐 다양하게 보존되어 있어 제4기 고환경사가 더 오래전 지질학적 시대의 그것들보다 높은 해상도를 지니게 한다〈4〉. 더 광범위한 지역의 환경 변화 연대기들이 더 다양한 데이터와 더 짧은 시간 간격으로 촘촘하게 재구성(reconstruction)되는 것이다.

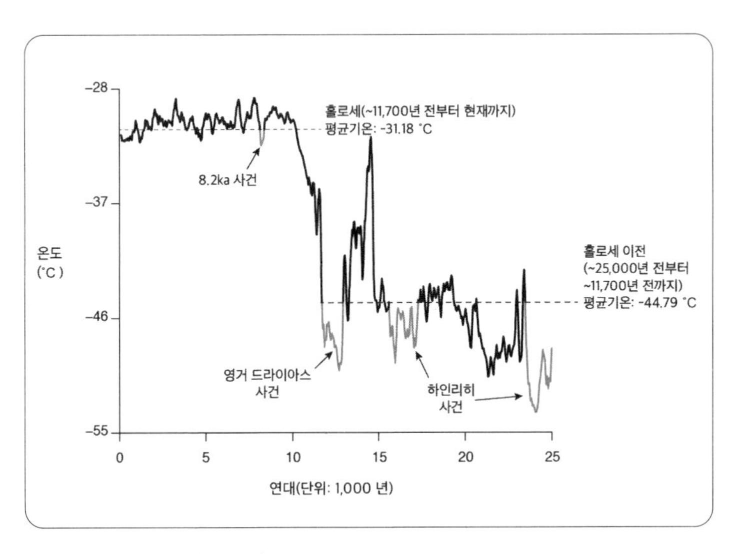

〈4〉 그린란드 빙하 코어(GSIP 2)에서 얻은 과거 25,000년간의 북극 온도 변화 역사6

이런 비교적 높은 시공간 해상도의 고환경사 덕분에 제4기 고기후·고생태학은 기후 및 생태계 변화들 사이의 연관성에도 집중할 수 있다. 지리적으로 다른 위치의 고환경 연대기들을 교차적으로 비교해 도드라진 등시성을 보이는 사건들을 발견하고, 그들의 우연성과 인과성을 기후 시스템 및 거시생태학적 맥락에서 검증하는 것이다. 이 과정에서 과거 기후변화 규모가 지방적(local-scale), 지역적(regional-scale), 전 지구적(global-scale)인지 검토된다. 또한, 기상 관측 기록과 제4기 이전의 시대들에서 보고되지 않았던 기후변화 사건을 탐지하고 이와 연관된 기후물리 기작들을 탐구한다.

일례로 홀로세 시작 직전(12,850년 전부터 11,700년 전까지의 기간)에 일어난 영거 드라이아스(the Younger Dryas Cold Event)를 보자. 영거 드라이아스는 갑작스런 이상 저온 현상으로 북미, 유라시아를 넘어 한반도에도 그 흔적이 남아 있다.7 영거 드라이아스의 급격한 한랭화는 지속적인 지구온난화가 선행되었기에 유발했다는 가설이 지배적이다. 당시 해빙기였던 지구의 기온이 상승하면서 빙하가 녹아 형성된 많은 양의 담수가 북반구 고위도의 북대서양으로 흘러 들어가 해양 열염분순환을 교란했을 것으로 추정된다. 이에 적도 부근의 열에너지가 북반구 고위도 지역으로 원활하게 전달되지 않으면서 북반구 기온이 빙하기 수준으로 급감한 채 몇백 년 동안 지속되었다는 것이다.

사실 홀로세의 8.2ka 사건(8.2ka Event), 빙하기의 하인리히 사건(Heinrich Event) 등 영거 드라이어스와 유사한 사건들이 제4기 고환경사에서 흔하게 일어난 편이다〈4〉. 이때도 기온 급감 이전에 지속적인 기온 상승이 발생했다. 만약 지구온난화의 가속으로 머지않은 미래에 급격한 한랭화의 티핑 포인트(tipping point)에 도달한다면, 우리는 어떻게 대응해야 할까? '설국열차'가 필요할까?

제4기 고환경 복원의 방법과 해석

제4기 고환경 복원은 프록시(proxy)라 통칭되는 간접지표에 의존한다. 프록시는 연구자가 집중하는 환경 변수와 연구 시료에 따라 종류가 다양한데, 크게 생물적·물리적·화학적 프록시로 분류된다. 예를 들면 화분 화석(fossil pollen)과 탄편(charcoal)은 생물적 프록시, 입도(grain-size distribution)는 물리적 프록시, 산소 동위원소비는 화학적 프록시이다. 고기후·고생태학에서는 다양한 프록시로 교차 검증이 가능한 고환경사를 더 신뢰하는 경향이 있다. 과거 환경을 추론할 때, 단일 프록시 데이터만을 이용한 연구는 순환 논법의 오류라는 덫에 빠질 수 있기 때문이다. 다중 프록시 접근법(Multiproxy approach)은 다양한 성격의 프록시 사용을 권장하기 때문에 지질학, 생태학, 지리학, 토양학, 고고학, 해양학, 대기과학 등의 다양한 분야와의 간학제적 융합 연구를 촉진한다. 또한, 새로운 프록시 탐색을 유도해 제4기 고기후·고생태학의 외연을 확장하는 원동력이 되기도 한다.

이 밖에도 고환경 매개 변수(paleoenvironmental parameter)를 정량적으로 복원하는 현생유추기법(MAT: Modern Analog Technique)이라는 프록시 데이터 가공법이 있다. 주로 해양 유공충, 화분 화석, 산소 동위원소비 같은 생물적, 화학적 프록시로 고온도(paleotemperature, 섭씨)를 복원할 때 사용된다. 현생유추기법은 동일과정설(Uniformitarianism)에 이론적 기반을 둔 통계적 복원법으로, 과거의 기온을 더 정교하게 복원하는 것을 추구한다.[8] 특히, 생물적 프록시를 이용한 현생유추기법은 생태적지위이론(Ecological Niche Theory)에도 기반을 두고 있다.

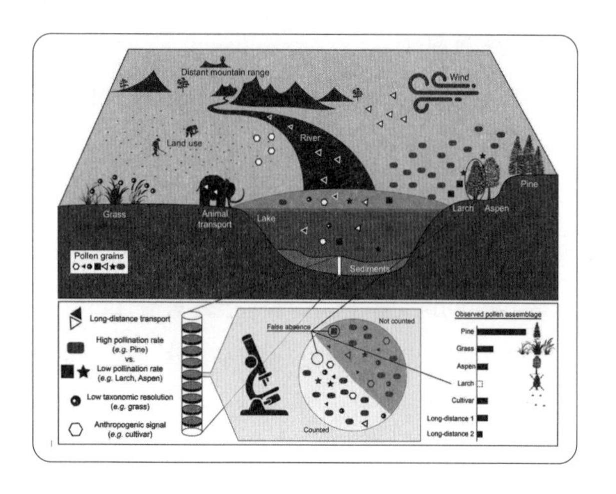

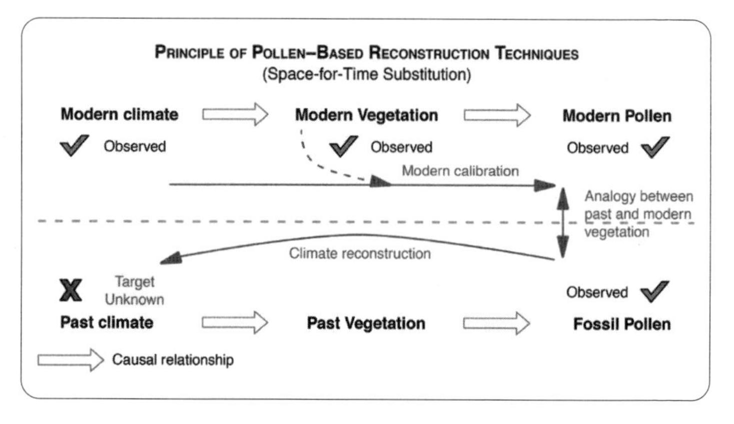

⟨5⟩ (위) 현생유추법 이론 모형-화분 화석의 예. (아래) 육상 퇴적층 화분 화석 분석법의 개념적 모형9

화분 화석을 이용해 고기온을 복원하는 과정을 예로 현생유추기법의 과정을 간략히 설명해 보고자 한다⟨5⟩. 기온은 식물종 분포를 결정하는 주요한 환경 변수이고, 화분 군집의 변화는 식생의 변화를 반영하는 지시자로 가정한다. 그리고 현생 화분 군집과 현재의 기온

변화도 사이의 관계가 화석 화분 군집과 고기온 변화도와 동일하다는 전제를 갖는다. 앞의 전제들을 바탕으로, 현생 화분 군집의 변수를 기온으로 변환하는 수치 함수(transfer function)를 통계적 방법으로 얻고, 화석 화분 군집을 수치 함수에 대입하여 과거 기온을 도출한다. 이런 생물적 프록시 현생유추기법은 해양 퇴적물의 유공충의 군집, 마그네슘/칼슘(Mg/Ca)비 등으로 해수 표면 온도를 복원할 때 쓰이기도 한다.

1970년대 중반부터 개발되기 시작한 고기후 모델은 프록시 데이터에 새로운 전환기를 주었다. 프록시 데이터는 과거 기후변화 추세, 패턴 등의 결과값만을 보여 주기 때문에, 기후변화를 일으키는 물리 기작(physical mechanism)에 대한 가설을 검증하기 위해서는 기후 모델에 의존해야 했다. 반면, 기후 모델이 구현한 과거의 기후는 수많은 방정식으로 계산된 결과값으로, 그 정확도를 검증할 때 프록시 데이터가 반드시 필요하다.[10] 이와 같은 고기후 수치 모델과 프록시 데이터 간의 상호 보완적 관계는 COHMAP(Co-operative Holocene Mapping Project)에서 잘 드러난다. COHMAP은 위스콘신대학교(메디슨 캠퍼스) 대기과학자 존 쿠츠바흐(John E. Kutzbach)와 브라운대학교 고생태학자 토머스 웨브(Thomas Webb III)를 주축으로 한 30명의 과학자들이 진행한 고기후 모델과 프록시 데이터 융합 연구 프로젝트(1977~1995)이다. 이들은 전 지구 기후 모델과 대규모 프록시 데이터들(예: 약 900개의 화분 화석 데이터)을 이용하여 마지막 빙하 최대기(Last Glacial Maximum, 약 24,000년 전부터 18,000년 전까지)와 홀로세의 대규모 기후변화들을 대상으로 굵직한 연구 결과들(예: 태양 일사량 변동으로 인한 동아시아,

아프리카 몬순 강도 변화)을 발표하였다.[11] COHMAP 이외에도 다른 고기후 수치 모델-프록시 융합 프로젝트들(예: CLIMAP, SPECMAP)이 존재했고, 이들의 등장은 광범위한 지역에서 얻은 대량의 프록시 데이터를 통합적으로 관리하는 데이터베이스들(예: BIOME6000, Neotoma, PAGES 2k)의 탄생을 촉진하기도 하였다.[12]

제4기의 인류세(Anthropocene Epoch)인가, 제4기의 인류세적 사건(Anthropocene Event)인가?

인류세는 현재 인류가 스스로 초래한 기후 및 환경 위기의 시대를 살고 있음을 강조한다. 파울 크뤼천(Paul Crutzen)과 유진 스토머(Eugene Stoermer)가 인류세를 처음 제안했을 때, 인류세의 개념은 대가속(Great Acceleration)과 지구 시스템의 전환으로 특징지어졌다. 지구 환경 변화 규모와 속도가 시간이 흐르면서 기하급수적으로 증가하는 대가속 양상에 대한 정확한 예측은 상당히 어렵다. 인류가 과거로부터 지구의 각종 권역(-sphere)들에 일으킨 변화들이 꾸준히 축적되어 지구 시스템 자체가 새로운 상태로 전환되었기 때문이다. 인류세 개념은 다양한 학문 분야로 하여금 기후, 환경 변화가 인류 생존과 직결된 당면 과제임을 인식하게 하였고, 층서학자들에게 현재의 지질시대를 인류세로 공표할 것인가를 논의하게 만들었다. 이 과정에서 인류세를 과학적으로 정의하는 것이 층서학이란 단일 지질분과의 과제로 떠맡겨지게 되었다.

현재 인류세는 국제지질연대표에 포함되어 있지 않다. 공식적으로 우리는 아직 신생대 제4기 홀로세 메갈라야절을 살고 있다. 인류세를 새로운 지질시대로 공표하는 것은 국제지질학회가

한다. 국제지질학회 산하에는 국제층서위원회가 있고 또 그 산하에는 17개의 소위원회가 있다. 이 중 제4기소위원회의 인류세실무단(2009년 발족)이 인류세 시작의 층서학적 증거를 수집·검증하여 제안서를 작성·제출하는 업무를 맡고 있다. 인류세실무단이 공식적으로 제4기소위원회에 인류세 공식화에 대해 제안하고, 다음의 세 가지 절차를 차례대로 통과하면 인류세는 새로운 지질시대로 결정된다. 우선 제4기소위원회에서 과반 찬성, 다음 국제층서위원회에서 과반 찬성, 마지막으로 국제지질학회 집행위원회의 인준이다.[13] 2016년 인류세실무단은 인류세의 시작 시점을 첫 원자폭탄 폭발 실험일(1945년 7월 6일, 미국 뉴멕시코 앨라모고도)로 정하자는 예비 권고 사항을 제안했지만, 국제층서위원회에서 추가적인 고려가 필요하다는 이유로 반려하였다.[14] 이후 2019년, 인류세실무단은 인류세에 대한 구속력 있는 투표(binding vote)를 실시했다. 투표 결과 88퍼센트 인류세실무단 위원들은 두 가지 사항에 찬성했다. 첫 번째는 인류세는 국제층서표준에 따라 공식적인 지질학적 시대로 다루어져야 한다는 것이고, 두 번째는 인류세의 시작 시점은 20세기 중반이어야 한다는 것이다.[15] 이에 인류세실무단은 인류세 시작점의 층서적 기준이 될 국제경계모식층단면(Global Boundary Stratotype Section and Point)을 지정하기 위해 12개 후보 퇴적층들을 분석하고 있다. 후보 지층들은 유럽, 북미, 아시아, 남극 등지에 분포되어 있다.[16] 실무단은 2021년에 인류세 공식화를 제4기소위원회에 제안하려 했으나, 현재(2022년 11월)까지 제안서는 제출되지 않고 있다.[17]

2021년 이래 인류세를 새로운 지질학적 시기(Geological time unit)가 아닌 지질학적 사건(Geological event), 즉 '인류세적 사건(Anthropocene Event)'으로 정의하자고 주장하는 논문들이 연달아 출간되었다.[18] 지질학적 사건은 지구 환경 변화 사건 중 층서적 증거가 남아 있는 것들을 말한다. 지구 역사에서 몇몇 대규모의 지질학적 사건은 지구 시스템의 대전환을 일으켰다.[19] 그 예들로 고원생대의 '산소 대폭발 사건(GOE: Great Oxidation Event, 약 24억~20억 년 전)', '오르도비스기의 대규모 생물다양화 사건(GOBE: Great Ordovician Biodiversity Event, 4억 8,500만~4억 5,500만 년 전)', 그리고 '데본기 육지 삼림화(DeFE: Middle-Late Devonian forestation of continents, 약 3억 9,000만~3억 6,000만 년 전)'가 있다〈1〉.[20] 예시로 든 지질학적 사건들은 생물권 변화가 대기권, 지권 등 타 권역에 영향을 주면서 지구 시스템의 근본적인 전환을 일으키고 이를 뒷받침하는 층서적 증거가 있지만, 새로운 지질시대의 포문을 연 사건들로 정의되지 못했다. 그 이유는 이들의 층서적 증거가 시공간적 산발성을 지니고 있고, 시작된 이후 그 현상의 여파가 현재까지 계속되고 있기 때문이다. 이와 같은 이유로 인류세가 지질학적 사건이라 주장하는 학자들은 지구에 대한 인간의 영향 역시 초기에는 이시적(diachronous)이었고 지금까지 그 진행이 지속적(time-transgressive)이기 때문에, 인류세를 지질학적 시기(Geological time unit)가 아닌 사건으로 정의하는 것이 더 적절하다고 제안한다. 인류세실무단의 과반수 의견과는 상반되는 이들의 주장은 인류세의 시작 시점에 대한 견해차에서 기인한다.

앞서 언급했듯이, 인류세를 국제층서표준에 따라 지질시대로 정의하기 위해서는 홀로세-인류세 경계층을 선정하고 그 경계층의 모식층이 제시되어야 한다. 홀로세-인류세 경계층은 표식(Marker)이

되는 물질에 의해 상하부층과 뚜렷이 구별되어야 한다. 대표적인 표식의 예가 K-T 경계면(공룡의 시대 중생대 끝과 포유류의 시대 신생대 시작 경계면)의 이리듐 스파이크(Iridium Spike)이다. 실무단이 기대하는 홀로세-인류세 경계층의 가장 유력한 표식은 1952년 갑작스럽게 급증하다가 1963년에 급감한 플루토늄(239+240Pu) 농도의 원자폭탄 스파이크(Bomb Spike)이다.[21] 따라서, 인류세실무단은 인류세의 시작 시점을 층서적으로 20세기 중반으로 정의한다. 그렇다면, 초기 인류세 개념의 중심이 된 사건인 18세기 산업혁명은 어떻게 해석되어야 하는가? 그밖에 20세기 중반 이전에 일어난 인간 활동으로 인한 모든 환경 변화는 어떻게 해석되어야 할까?

20세기 이전 제4기 고환경사의 인간 활동

제4기 고환경사에는 인간 활동이 야기한 것으로 추측되는 굵직한 사건이 다수 존재한다. 대표적으로 홀로세 중반기부터 증가한 대기 중 메탄가스 농도와 플라이스토세 후기의 대형 육상 포유동물 멸종이 있다.

홀로세 중기 이후의 메탄가스 증가는 버지니아대학교 제4기 고기후학자 윌리엄 러디먼(William F. Ruddiman)의 인류초기개입설(EAH: The Early Anthropogenic Hypothesis)의 일부분이다.[22] 러디먼은 약 7천 년 전부터 증가하는 대기 중 이산화탄소는 삼림 벌채 때문으로, 약 5천 년 전부터 증가한 대기 중 메탄가스는 동남아시아 지역의 논농사와 아시아, 아프리카에서 시작된 가축 사육 때문으로 추정해 왔다.[23] 러디먼의 가설은 인류에 의한 유의미한 온실가스 증가 시점을 크뤼천이 주장한 18세기 산업혁명보다 약 5천~7천 년 앞당기는 것이었다. 2003년 인류초기개입설이 처음 제안되었을 때, 온실가스 증가와 농업화의 인과성은 윌리스 브뢰커를 필두로 한 고기후학자 동료들의 거센 비판을 받았다. 비판의 핵심은 고대의 농업 활동이 전 지구적 온실가스 평균을 좌지우지할 정도로 당시의 인구수가 많지 않다는 것이었다.

하지만 메릴랜드대학교 경관생태학자 얼 엘리스(Erle C. Ellis)는 농업 기술 수준이 지금보다 낮은 몇천 년 전의 초기 농경시대에는 재배 면적에 비해 수확량이 적어서 농부 한 명이 경작·벌채해야 하는 땅의 면적이 지금보다 더 넓었을 거라며 러디먼의 가설을 부분적으로 지지한다. 또한, 2000년대 후반부터 러디먼의 인류초기개입설 중 메탄가스 증가와 농업·목축 활동의 인과성을 지지하는 고생태학, 고고학, 민속식물학, 역사학 연구 결과들이 속속 발표되고 있다. 그리고 IPCC 5, 6차 보고서에 인류초기개입설의 메탄가스 부분이 실리면서 학계에서 이를 비교적 널리 수용하고 있음을 확인할 수 있다.24

홀로세 이전의 지질시대인 플라이스토세는 주로 빙하기의 시대로 알려져 있지만 육지에 대형 포유류들이 존재했던 가장 최근의 지질시대이기도 하다⟨6⟩. 대형 포유류들은 대부분 홀로세가 시작되기 전에 멸종한 것으로 알려져 있다. 멸종의 원인이 빙하기에서 간빙기로의 급격한 자연 기후변화로 인한 주요 서식지 및 먹이 감소 때문인지, 인간의 무분별한 사냥 때문인지는 아직 논쟁 중이다. 하지만 북미는 다른 대륙과 달리 중서부, 남서부 원주민이었던 클로비스인들(Clovis people)의 사냥터 흔적이 분명히 남아 있어 북미의 대형 포유류 멸종(약 50속 멸종)과 인간 활동 간의 연관성이 높은 편이다.25 또한, 멸종의 직접적인 원인 규명을 넘어, 북미의 대형 표유동물의 멸종 전후 화석화분으로 복원된 고식생은 영양재야상화(Trophic rewilding)적

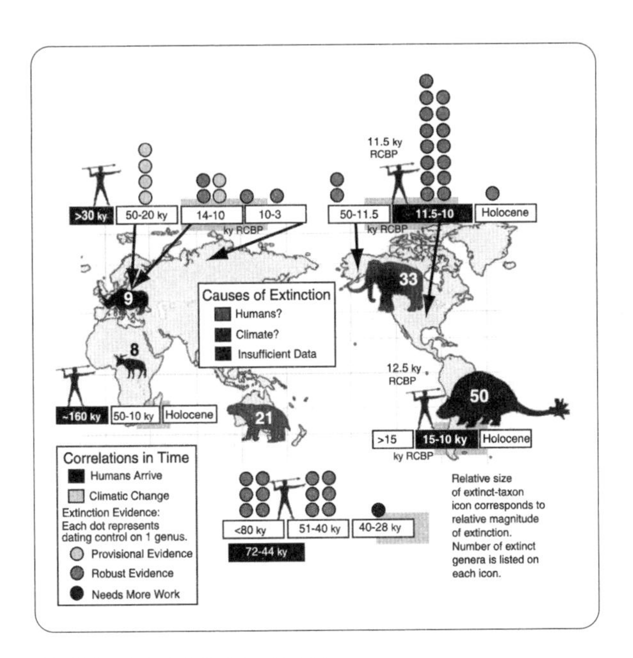

〈6〉 대륙별 거대 포유동물 멸종 요약도26

복원생태학 전략인 "플레이스토세 야생화(Pleistocene rewilding)"의 모티브가 되기도 하였다.27

농업·목축 활동과 메탄가스 증가의 인과성, 대형 표유류의 멸종과 인간 활동 간의 연관성 외에도 각 대륙과 해양에 남은 몇천 년 전의 인간 활동과 환경 변화의 연관성에 대한 수많은 증거는 모두 20세기 중반의 원자폭탄 스파이크 이전에 남겨졌다. 인류세가 국제지질학회에서 정식으로 인준되면, 이들을 더 이상 인류세적 증거라 할 수 없게 되는 것일까?

인류세를 과학적으로 정의하는 데 도움이 될 질문

이 글에서 소개한 논의들을 바탕으로 인류세의 지질학적 정의를 둘러싼 주요 질문 세 가지를 소개하면서 글을 맺고자 한다.

하나, 인류세는 층서학이라는 지질학의 소분과에 의해서만 정의되어야 하는가?

둘, 인류세는 20세기 중반에 전 지구적 규모로 갑자기 시작되었는가, 아니면 몇천 년 전부터 다양한 장소에서 점진적으로 시작되었는가?

셋, 인류세는 인류세(Anthropocene Epoch)인가, 인류세적 사건(Anthropocene Event)인가?

에필로그: '인류세' 도입 부결(2024년 3월)

인류세 도입은 2024년 3월 초 부결이 확정되었다. 인류세실무단이 최종 제안서(제안된 표준층서: 캐나다 크로퍼드 호수의 1950년 지층)를 제출 후, 국제지질과학연맹 산하 제4기층서위원회는 2024년 2월 초부터 약 6주 동안 논의와 표결을 진행하였다. 최종적으로 2024년 3월 초 제4기층서위원회 위원 66퍼센트의 반대로 인류세 도입은 부결이 확정되었다. 인류세 도입에 반대한 일부 위원들은 인류의 지질학적 영향을 부정하는 것은 아님을 강조했다.

1 본문은 새 지질시대로의 '인류세' 도입이 부결된 2024년 3월 이전인 2022년 11월에 작성되었다.

2 지질시대의 상대적 수치 연령은 국제층서위원회 홈페이지(http://stratigraphy.org/chart)에 게시된 2022년 버전의 국제지질연대/시간층서표를 참고하여 계산하였다. 지질시간 단위별 국문명은 한국지질학회에서 승인한 한글 번역 및 음역(2021)을 따랐다.

3 W. F. Ruddiman, *Earth's Climate: Past and Future* 3rd ed., New York: W. H. Freeman, 2014.

4 W. S. Broecker, "Climatic change: Are we on the brink of a pronounced global warming?", *Science* 189(4201), 1975, pp. 460~463.

5 W. S. Broecker, "Climatic change: Are we on the brink of a pronounced global warming?", *Science* 189(4201), 1975, pp. 460~463.

6 R. B. Alley, "The Younger Dryas cold interval as viewed from central Greenland", *Quaternary Science Reviews* 19, 2000, pp. 213~226.

7 박정재, 「북반구에서 확인된 최종빙기 이래 단주기성 기후변화의 증거-북대서양 지역과 한반도를 포함한 동북아시아 자료의 비교/종합」, 『기후연구』 제10권 제1호, 2015, 25~41쪽.

8 M. Chevalier et al., "Pollen-based climate reconstruction techniques for late Quaternary studies", *Earth-Science Reviews* 210, 2020, p. 103384; S.T. Jackson et al., "Modern analogs in Quaternary paleoecology: Here today, gone yesterday, gone tomorrow?", *Annual Review of Earth and Planet Sciences* 32, 2004, pp. 495~537.

9 M. Chevalier et al., _____.

10 Rea DK, "Status of paleoclimatic research: An excerpt from the April 1987 NSF Climate Dynamics Workshop on data-model interactions", *Bulletin of American Meteorological Society* 69, 1988, pp. 390~395.

11 T. Webb III., "COHMAP", In: V. Gornitz(eds.), *Encyclopedia of Paleoclimatology and Ancient Environments*(Encyclopedia of Earth Sciences Series), Dordrecht: Springer, 2009.

12 J. W. Williams et al., "Community-curated data resources and large-scale data-model synthesis: the children of COHMAP", *Geological Society of America Annual Meeting*, Denver, Colorado, USA, 2016.9.28.

13 김지성 외, 「인류세(Anthropocene)의 시점과 의미」, 『지질학회지』 제52권 제2호, 2016, 163~171쪽.

14 W. F. Ruddiman, "Three flaws in defining a formal 'Anthropocene'", *Progress in Physical Geography* 42(4), 2018, pp. 451~461.

15 M. Subramanian, "Humans versus Earth: the quest to define the Anthropocene", *Nature* 572(7768), 2019, pp. 168~170.

16 C. N. Waters et al., "Epochs, events and episodes: Marking the geological impact of humans", *Earth-Science Reviews* 234, 2022, p. 104171.

17 P. L. Gibbard et al., "The Anthropocene as an Event, not an Epoch", *Journal of Quaternary Science* 37(3), 2022, pp. 395~399.

18 P. L. Gibbard et al., _____; P. L. Gibbard et al., "A practical solution: the Anthropocene is a geological event, not a formal epoch", *Episodes*, 2021, pp. 1~9.

19 P. L. Gibbard et al., "A practical solution: the Anthropocene is a geological event, not a formal epoch", *Episodes*, 2021, pp. 1~9.

20 P. L. Gibbard et al., _____.

21 C. N. Waters et al., "Global Boundary Stratotype Section and Point (GSSP) for the Anthropocene Series: Where and how to look for potential candidates", *Earth-Science Reviews* 178, 2018, pp. 379~429.

22 W. F. Ruddiman et al., "The early anthropogenic hypothesis: A review", *Quaternary Science Reviews* 240, 2020.

23 W. F. Ruddiman et al., _____.

24 W. F. Ruddiman et al., _____.

25 D. J. Meltzer, "Overkill, glacial history, and the extinction of North America's Ice Age megafauna", *Proceedings of the National Academy of Sciences* 117(46), 2020, pp. 28555~28563.

26 A. D. Barnosky et al., "Assessing the causes of late pleistocene extinctions on the continents", *Science* 306(5693), 2004, pp. 70~75.

27 J. Svenning et al., "Science for a wilder Anthropocene: Synthesis and future directions for trophic rewilding research", *Proceedings of the National Academy of Sciences* 113(4), 2016, pp. 898~906.

탄소중립의 언어 정치

박선아

홍콩과학기술대학교(광저우) 탄소중립 및 기후변화 전공 조교수. 2024년 여름까지 카이스트 인류세연구센터 박사후연구원을 지냈다. 기후위기는 어떤 사회 변동을 가져오는지, 사회 정의의 렌즈가 기후위기를 어떻게 굴절시킬 수 있는지 연구하는 기후사회학자이다. 주된 연구 주제는 재생 에너지 갈등, 에너지 정의, 기후 정의, 기후 담론이다.

어떤 언어로 기후위기를 정의할 것인가?

최근 몇 년은 국내에서 기후변화에 대한 관심이 가장 높아진 시기이다. 우리나라에서 2019년에 첫 기후위기 집회가 열려 연례행사가 되었고, 2024년에는 첫 정의로운 전환 집회를 통해 기후위기 대응 과정에서의 사회 정의를 요구하는 집회가 열렸다. 기후변화를 중대한 전환의 기로에서 실존적 위기, 인류세적 위기로 절절히 느끼는 사람들은 아직은 소수이지만 점차 늘어나고 있는 듯하다.

개개인들의 관심은 높아졌지만 정작 움직여야 할 산업계나 정치권은 아직은 마지못해 눈치 게임중이다. 기후위기 해결을 촉구하는 진영은 기후위기 앞에서 머뭇거리는 그들에게 핏대를 세우며, 기후위기의 위험성에 관한 정보를 우르르 쏟고 그들의 행동을 촉구하는 노력을 해 왔다.[1] 예컨대 2023년 3월 만장일치로 채택된 「IPCC 제6차 평가보고서(AR6) 종합보고서」의 위협적인 숫자들을 열거하는 것이다.

이러한 관심, 우려, 머뭇거림, 촉구 속에서 국내의 우세종을 점한 개념이 있으니, 바로 '탄소중립'이다. 기후악당 국가에서 탄소중립이라는 단어가 이렇게 익숙해지고 이만큼 많은 이가 생각하고 논의할 수 있게 되었다는 사회적 진전은 일면 반가운 일이다. 이제 탄소중립(炭素中立), 이렇게 한자로 한글과 함께 쓰면 마치 사자성어처럼 친숙하게, 오래 사용해 온 말처럼 느껴진다.

그러나 신조어, 특히 행정의 언어는 많은 개념과의 경쟁을 거쳐 신중하게 선택된 것을 간과해서는 안 된다. '탄소중립'이 우리가 처한 문제를 적절하게 언어로 포획한 것일까? 탄소중립의 언어와 숫자들은 얼마나 순수하고 '중립'적인 것인일까? 예컨대, 이명박 정부 시절

'녹색성장'이라는 말이 사회 전면에 등장했을 때, 환경의 편에 있던 연구자들은 이 개념이 가지는 문제를 심각하게 지적했다.[2] '녹색'이라는 환경 문제를 '성장'이라는 개발주의로 해결하겠다는 가치 지향은 놀랍도록 뚜렷하고 협소하기에 여전히 논란의 대상이 되곤 한다.

통용되고 있는 개념을 따져 보는 것과 지나치게 확신을 주는 해결책을 의심하는 것은 기후사회학의 좋은 시작점이 될 수 있다. 이 글은 공간적으로 한국을 배경으로 사용되는 탄소중립 개념을 소개하고 검토하고자 한다. 탄소중립의 사전적 정의와 실제 의미와의 비교와 대조를 진행하고, 나아가 이 개념이 내포하거나 외면하는 측면들을 소개한다.

탄소중립, 국내법적 정의

2019년 유엔 기후정상회의 이후 140여 개국이 '2050 탄소중립'을 선언했다. 한국 정부는 세계 14번째로 2050 탄소중립 이행을 법제화한 나라다.[3] 법치 국가에서 법제화는 중요한 의미를 지닌다. 탄소중립을 선언에만 그치지 않고, 그 목표를 행정적으로 이행할 수 있는 중요한 토대를 마련한 것이기 때문이다.

2050 탄소중립 이행 법안의 명칭은 「기후위기 대응을 위한 탄소중립·녹색성장 기본법」(약칭: 탄소중립기본법)이다.[4] 법 제7조 1항은 "정부는 2050년까지 탄소중립을 목표로 하여 탄소중립 사회로 이행하고 환경과 경제의 조화로운 발전을 도모하는 것을 국가비전으로 한다"고 명시함으로써, 2050년까지 탄소중립을 이루는 것이 정부의 책무라는 점을 제시한다. 재미있는 점은 법 제목에 녹색성장을 넣었지만 그것을 정부의 책무 항목에는 명시하지 않았다는 점이다.

법에도 여러 종류가 있지만 그중에서도 한국에서의 '기본법'은 행정력의 원천이 된다. 탄소중립기본법의 제정 효과는 막대하다. 탄소중립은 이제 국내에서 기후변화에 대처하기 위한 개인적·정책적·산업적 대책을 총칭하는 말이 되었다. 손수건을 쓰는 정도의 작은 환경 실천에조차 탄소중립이라는 국가의 라벨이 붙고 있다.

법 제2조 3항은 탄소중립이 과연 무엇인지 정의한다. 이에 따르면 탄소중립이란 "대기 중에 배출·방출 또는 누출되는 온실가스의 양에서 온실가스 흡수의 양을 상쇄한 순배출량이 영(零)이 되는 상태를 말한다." 이 조항에서 대상 물질은 탄소뿐 아니라 온실가스로 확대된다. 그리고 중립이란 '배출량-흡수량=0'이라는 수식으로 환원된다. 아래에서는 이 확대와 환원에 대해 논의하고자 한다.

탄소뿐 아니라 온실가스

탄소중립기본법은 온실가스(Greenhouse Gas)를 다룬다. 법 제2조 5항은 온실가스를 "적외선 복사열을 흡수하거나 재방출하여 온실 효과를 유발하는 대기 중의 가스 상태의 물질로서 이산화탄소(CO_2), 메탄(CH_4), 아산화질소(N_2O), 수소불화탄소(HFCs), 과불화탄소(PFCs), 육불화황(SF_6) 및 그 밖에 대통령령으로 정하는 물질"로 정의한다. 이 여섯 가지는 일찍이 1997년 교토의정서에서 정한 6대 온실가스 리스트이다. 이산화탄소 외 다섯 가지 온실가스를 다룰 때는 이산화탄소 대비 상대적 온난화 효과인 지구온난화지수(GWP: Global Warming Potential)를 곱해 이산화탄소 환산량 또는 등가물(CO_2eq. 또는 CO_2e)을 산출할 수 있다.

온실가스	화학식	지구온난화지수(GWP)
이산화탄소	CO_2	1
메탄	CH_4	21
아산화질소	N_2O	310
수소불화탄소(HFCs)	-	140 - 11,700
HFC-23	CHF_3	11,700
HFC-32	CH_2F_2	650
HFC-41	CH_3F	150
HFC-43-10mee	$C_5H_2F_{10}$	1,300
HFC-125	C_2HF_5	2,800
HFC-134	$C_2H_2F_4(CHF_2CHF_2)$	1,000
HFC-134a	$C_2H_2F_4(CH_2FCF_3)$	1,300
HFC-152a	$C_2H_4F_2(CH_3CHF_2)$	140
HFC-143	$C_2H_3F_3(CHF_2CH_2F)$	300
HFC-143a	$C_2H_3F_3(CF_3CH_3)$	3,800
HFC-227ea	C_3HF_7	2,900
HFC-236fa	$C_3H_2F_6$	6,300
HFC-245ca	$C_3H_3F_5$	560
과불화탄소(PFCs)	-	6,500 - 9,200
PFC-14	CF_4	6,500
PFC-116	C_2F_6	9,200
PFC-218	C_3F_8	7,000
PFC-31-10	C_4F_{10}	7,000
PFC-318	$c\text{-}C_4F_8$	8,700
PFC-41-12	C_5F_{12}	7,500
PFC-51-14	C_6F_{14}	7,400
육불화황(SF_6)	SF_6	23,900

온실가스별 지구온난화지수5

탄소만 중립을 하면 되는 것 같았는데 다른 온실가스들까지 중립을 해야 한다. 이 점에 대해, 세계 각국의 기후 정책을 추적하는 민간 기구인 CAT(Climate Action Tracker)는 한국 정부가 배출 범위를 어디로 잡고 있는지 명확하지 않다고 지적한다.6 법률 제목은 탄소중립으로 개념화하고 있지만 정책에는 메탄 조치들이 포함되어 있고 탄소중립 시나리오의 단위도 CO2 환산량인 MtCO2e로 제시되어 있다. CAT의 조사에 따르면 중립 대상이 탄소인지 온실가스인지 명확하지 않은 나라는 태국, 중국 등으로, 그 수가 많지 않다.

탄소만 다루는 것과 온실가스까지 다루는 것 사이에 틈이 존재한다. 국내에서 CO_2는 국내 온실가스의 91.4퍼센트를 기여한다.[7] 무엇을 지칭하는 것인지에 대한 혼선은 결코 가벼운 것이 아니다. 온실가스를 줄이는 모든 메커니즘은 현재의 배출량 산정에서 시작하기 때문이다. 나중에 어떤 정치 세력이 법을 개정하여 '온실가스'를 슬쩍 '탄소'로 개정한다면, 8.6퍼센트를 쉽게 감축할 수 있다. 내가 너무 뾰족한 마음으로 보고 있는지도 모르지만, 우리는 그런 식의 눈 가리고 아웅을 너무 많이 겪어 봤다.

우리나라의 온실가스

탄소중립을 본격적으로 추진하려면 온실가스 통계를 주의 깊게 보아야 한다. 탄소만 중립을 하든 6대 온실가스를 중립을 하든 측정-모니터링은 국가와 국제 정치가 고안할 수 있는 핵심적인 감시 장치(Tracker)이다. 1997년 교토의정서 때부터 그랬듯이, 우리는 탄소 발자국을 정확하게 계산할 수 있고 끝내 통제할 수 있다는 근대주의자의 신념을 가져야 한다.

첫 단추는 온실가스 통계의 작성이다. 온실가스 통계는 국가 곳곳에서 벌어지는 모든 산업, 소비, 국토 사용을 조사하는 방대한 작업이다. 측정을 할 때는 '스코프1', '스코프2', '스코프3' 중 어떤 스코프로 접근하는가를 결정해야 한다. 온실가스 배출량 산정을 기업을 대상으로 한다면, 스코프1에서는 공장에서 직접 연료를 연소한 직접 배출량까지, 스코프2에서는 공장에서 사용한 열과 전기를 만드는 데 들었던 배출량까지, 스코프3에서는 판매된 제품의 폐기 시점까지의 탄소 및 직원들의 출퇴근 등까지 배출량을 산정한다. 가장 완결성 있는 스코프3 공시를 하고 있다고 알려진 기업은 애플인데, 2022년 애플 지속가능경영보고서에 따르면 스코프1의 규모는 5만 5,200tCO_2e였지만, 스코프3에 해당하는 온실가스량은 2,313만tCO_2e로, 420배의 차이를 보였다.[8]

스코프3으로 갈수록 배출량은 측정하기가 복잡하지만, 진정한 탄소중립은 스코프3에 있다.[9] 비즈니스에서는 스코프3, 즉 온실가스 배출량 산정을 더 포괄적으로 해야한다는 국제적인 요구가 높아지고 있는 상황이다. 내가 시민으로서 혹은 투자자로서 기업의 탄소중립을 감시하고자 할 때는 디테일을 살펴보아야 한다.

다만 근대주의자의 신념과 달리 현실에서는 온실가스 배출량 산정 작업이 어려운 것이 현실이다. 온실가스종합정보센터는 온실가스 국가 통계를 작성하고 이 통계의 신뢰성을 제고하고자 한다. 매년 재계산되어 내용이 바뀌는 일이 흔해 단순한 비교는 어렵다. 공동 작성 주체인 지자체는 자기 지역 통계를 매년 작성하여 제출해야 한다. 우리가 '중립'으로 만들어야 할 '탄소'가 얼마나 발생되고 있는지를 정확하게 알기 위해서는 200여 지자체가 한마음 한뜻으로 조사 프로토콜을 이해하고 적극 협력한다는 조건이 만족되어야 한다.

'순배출량 0'

탄소중립에서 중립은 순배출량이 0, 즉 온실가스 배출량과 온실가스 흡수·제거량을 더하면 0이라는 뜻이다. 네이버 사전의 탄소중립 정의는 "탄소를 배출하는 만큼 그에 상응하는 조치를 취하여 실질 배출량을 '0'으로 만드는 일"이다. '중립'은 탄소는 줄여야만 하는 것에서 그렇지 않은 것, 상쇄 가능한 것으로 바뀐다.

관공서 홈페이지나 일부 문헌들에서 탄소중립에서

순(純)배출량이 0이라는 것을 'Net-zero'로 표현한다는 점도 지적할 필요가 있다. 탄소중립을 영어로 net zero로 번역하기도 하고, 한국어로 다시 '넷제로' 또는 '순제로'라고 쓰기도 한다. 'net'라는 단어는 명사 '그물'이 아니라 형용사 '순'이다. 그러나 탄소중립을 넷제로로 표현하는 것은 최근 국제 동향으로는 적합하지 않은 표현이다.

IPCC는 탄소중립의 정의를 수정한 바 있다. IPCC가 2018년 펴낸 「1.5℃ 특별보고서」는 Net Zero를 'Net zero CO2 emissions'의 약어로 보고, 넷제로를 탄소중립(carbon neutrality)과 동의어로 설명한다.[10] 그러나 2023년 3월 발표된 IPCC 6차 통합보고서 본문은 일정 분량을 할애하여 'net zero CO2 emission'과 'net zero GHG(Green House Gas, 온실가스)'를 뚜렷하게 분리하여 설명하고 있다.[11] 6차 통합보고서에서 탄소뿐 아니라 메탄 감축의 중요성이 강조되었는데, 그 과정에서 용어를 분명히 하는 것이 필요하다고 판단한 듯하다. 요약하자면, 넷제로라는 말은 CO2만을 커버하다가 온실가스까지 커버하는 말로 바뀌고 있다. 이에 따라 탄소중립 대신 기후중립(Climate neutral)을 쓰자는 목소리도 커진다. 최근 기후중립 문헌들에서는 Net zero를 탄소에 한해서만 쓰지 않고 온실가스 전체에 대해서까지 쓴다.[12]

넷제로의 넷과 탄소중립의 중립은 상쇄 가능성이라는 점에서 똑같이 격렬한 비판을 받고 있다. 상쇄 가능성의 가장 큰 문제는 온실가스를 줄이는 일을 덜 시급한 것으로 만든다는 것이다. 대표적인 넷제로 비판론자인 제임스 다이크(James Dyke)는 넷제로란 "지금 불 지르고, 나중에 지불하자"는 식의 위험한 함정이고, 노골적인 그린워싱이라 평한다.[13] 홀리 진 벅(Holly Jean Buck)은 지구 북반구의 숲이 울창한 국가들이 '총배출'이라는 논리를 협상에 가져왔고 이것이 1997년 교토의정서에 탄소 흡수원(carbon sink) 항목으로 감축 목표에 반영된 것을 넷제로의 기원으로 본다.[14]

상쇄 가능성 이매지너리는 포집 기술에 대한 투자를 부추긴다. 최근 들어 탄소 포집, 활용, 저장 기술인 CCUS(Carbon Capture, Utilization and Storage)가 유망한 분야로 각광받고 있다. 탄소 포집 기술은 일부 산업에 국한되어 사용되고 있고 비용이 높아 정책 자금 지원이 필수적이다.[15] 한국 정부는 2년 전부터 K-CCUS 추진단을 발족하여 기술 개발과 상용화를 통해 산업화를 지원한다.[16] 탄소중립 시나리오에서도 한국 정부는 CCUS를 적극적으로 끌어안았다. 예컨대 2050 탄소중립 시나리오안 두 가지 중 한 가지(B안)는 화력발전 중 액화천연가스(LNG)를 유지하여 2,070만tCO_2e을 배출하면서, 동시에 CCUS로 8,460만tCO_2e을 흡수 및 제거한다.[17] 8,460만 톤은 2030년 총배출량의 14퍼센트에 달하는 양이다.[18] 2023년 3월 발표된 탄소중립녹색성장기본계획은 2030년 전체 배출량이 4억 3,660만tCO_2e이 될 것인데, CCUS에서 1,120만tCO_2e을 흡수 및 제거하겠다고 발표했다. 기후위기를 위해 무엇을 해야 하는지에 대한 질문에, 탄소는 이전처럼 배출하고 별도로 이를 포집하는 기술 및 산업에 대한 투자가 필요하다고 답하는 것은 과연 누구를 위한 논리인지 되물어야 한다.

탄소중립 개념과 그 잔여물들

굳이 IPCC 보고서를 인용하지 않더라도 우리는 문제를 알고 있다. 산업 활동으로 기후위기가 심각해졌다. 이로부터 발생되는 이산화탄소 및 온실가스를 줄여야 한다. 지금의 행동을 바꾸지 않으면 대멸종은 피할 수 없고, 미래 세대에, 저개발국가에 부담을 지우게 된다. 탄소중립 개념은 이런 자명한 상황을 마치 사회적 진공 상태에서도 설명할 수 있는 것처럼 포장한다. 그 결과는 의심스럽다. 기업, 지역, 국가가 지금 배출하고 있는 온실가스가 얼마만큼인지에 대한 계산도 신뢰하기 어려운데, 이산화탄소를 공기 중에서 포획해 땅속에 묻겠다는 기술은 신뢰받는다.

이 글에서는 다양한 공식적인 문서에 비추어 탄소중립의 개념을 따져 보았다. 그래서, 탄소중립은 대체 무어란 말인가? 탄소중립이 된다고 탄소를 배출하지 않는 것은 아니다. 탄소를 배출하고 흡수하면 되기 때문이다. 역으로 탄소를 배출하지 않는다고 탄소중립이 되는 것도 아니다. 지구를 뜨겁게 만드는 여러 온실가스를 해결해 내야 하기 때문이다. 부정확한 개념들 틈새로 비집고 들어오는 것은 해결의 책임을 미루는 그린워싱일 것이다. 그렇기 때문에 '노력하고 있다', '몇 퍼센트를 감축하겠다'는 수사만을 믿어서는 안 된다.

언어가 살아남으려면 실체적 효력이 있어야 한다. 살펴본 바에 의하면 탄소중립이라는 개념으로 현재의 위기에 진정으로 대처하기에는 부족한 점이 많다. 지금 모든 것을 해결할 대안으로 여겨지고 있지만 결국 실망을 안겨 주게 된다면, 이 탄소중립이라는 개념이야말로 2050년까지 살아남기 어려운, 효력을 잃어버린 한때의 유행어로 그치게 되지 않을까.

넷, 개념 확인 문제

이 글은 사실 탄소중립에 대한 최소한의 객관적 합의 지점을 찾고 싶었다. 그래서 공식적인 문헌들과 자료들을 열심히 뒤적였지만, 오히려 얻은 교훈은 탄소도, 중립도, 그 기표는 항상 의심해 보아야 한다는 점이었다. 이 글이 탄소중립의 행간을 둘러싼 부정확성과 의심스러움을 활자로 기록하는 데 기여했기를 바란다. 그런 바람에서 개념 확인 문제로 글을 마무리한다.

1. 다음은 탄소중립녹색성장위원회 홈페이지의 탄소중립에 대한 설명이다. 이를 기반으로 현장에서 탄소중립 계획을 세우고자 할 때 문제 될 수 있는 지점을 고르시오.

"대기 중 이산화탄소 농도 증가를 막기 위해 인간 활동에 의한 배출량은 최대한 감소시키고, 흡수량은 증대하여 순배출량이 '0'이 된 상태. 인간 활동으로 배출하는 온실가스(+요인)는 최대한 줄이고, 배출되는 온실가스는 산림 흡수나 CCUS로 제거(-요인)하여 실질적인 배출량을 '0' 수준으로 낮추는 것을 탄소중립(Net zero)이라고 한다."[19]

① 문제의 원인으로 이산화탄소만을 지목하고 있다.
② 탄소중립을 기후중립으로 설명하고 있다.
③ Net Zero 대상이 탄소인지 온실가스인지 명확하지 않다.
④ 모두 해당.

2. 다음은 2023년 3월 21일 정부가 발표한 탄소중립녹색성장기본계획의 내용이다.[20] 이에 대해 비판할 수 있는 지점을 고르시오.

(단위: 백만톤CO_2e, 괄호는 '18년 대비 감축률)

구분	부문	2018 실적	2030 목표	
			기존 NDC ('21.10)	수정 NDC ('23.3)
배출량(합계)		727.6	436.6 (40.0%)	436.6 (40.0%)
배출	전환	269.6	149.9 (44.4%)	145.9 (45.9%)[1]
	산업	260.5	222.6 (14.5%)	230.7 (11.4%)
	건물	52.1	35.0 (32.8%)	35.0 (32.8%)
	수송	98.1	61.0 (37.8%)	61.0 (37.8%)
	농축수산	24.7	18.0 (27.1%)	18.0 (27.1%)
	폐기물	17.1	9.1 (46.8%)	9.1 (46.8%)
	수소	(-)	7.6	8.4[2]
	탈루 등	5.6	3.9	3.9
흡수 및 제거	흡수원	(-41.3)	-26.7	-26.7
	CCUS	(-)	-10.3	-11.2[3]
	국제감축	(-)	-33.5	-37.5[4]

※ 기준연도('18) 배출량은 총배출량 / '30년 배출량은 순배출량 (총배출량 – 흡수·제거량)

① 가장 온실가스를 많이 배출하는 산업 부문의 감축률이 가장 적다.

② 2023년에도 상용화되지 않은 기술인 CCUS의 감축분이 너무 크다.

③ 2050년 계획이었다면 포함될 수 없는 국제감축분이 포함되어 있다.

④ 모두 해당.

1 티머시 모튼, 『생태적 삶』, 김태한 옮김, 2023, 앨피.

2 윤순진, 「'저탄소 녹색성장'의 이념적 기초와 실재」, 『환경사회학연구 ECO』 13(1), 2009, 219~266쪽.

3 환경부 보도자료, 「탄소중립 세계 14번째 법제화… 탄소중립기본법 국회 통과」, 2021.9.1. https://www.korea.kr/news/policyNewsView.do?newsId=148892495.

4 탄소중립기본법 원문. https://www.law.go.kr에서 '법령-기후위기 대응을 위한 탄소중립·녹색성장 기본법'.

5 「IPCC 제2차 평가보고서(AR2, Second Assessment Report)」, IPCC, 1995. 「온실가스종합정보센터 2022 국가 온실가스 인벤토리 보고서」, 환경부 온실가스종합정보센터, 2022 재인용.

6 Climate Action Tracker 홈페이지. https://climateactiontracker.org/countries/south-korea/targets. 검색일: 2023.2.9; 2023.5.2.

7 환경부 온실가스종합정보센터, 2020년 총배출량. www.gir.go.kr. 검색일: 2023.4.18.

8 황원규, 「[스코프3가 온다] 직원 출퇴근 때 탄소발생량까지… 영국발 탄소 추적 프로젝트」, 『더나은미래』, 2023.4.7. https://futurechosun.com/archives/74731.

9 M. Grubb et al., "Introduction and Framing". In IPCC, *Climate Change 2022: Mitigation of Climate Change. Contribution of Working Group* Ⅲ *to the Sixth Assessment Report of the Intergovernmental Panel on Climate Change*, P.R. Shukla, et al.(eds.), Cambridge, UK and New York, NY, USA: Cambridge University Press, 2022, doi: 10.1017/9781009157926.003.

10 IPCC, "Summary for Policymakers", *Global Warming of 1.5℃*, V. Masson-Delmotte et al.(eds.), Cambridge University Press, 2018, pp. 3~24. https://doi.org/10.1017/9781009157940.001.

11 IPCC, *Climate Change 2023: Synthesis Report*, Core Writing Team et al.(eds.), IPCC, Geneva, Switzerland, 2023, p. 26.

12 https://unfccc.int/climate-neutral-now.

13 https://theconversation.com/climate-scientists-concept-of-net-zero-is-a-dangerous-trap-157368.

14 Holly Jean Buck, *Ending Fossil Fuels: Why Net Zero is Not Enough*, Verso Books, 2021.

15 성동원, 「넷제로 시대, CCUS 시장 동향 및 전망」, 『2022 이슈보고서』, 한국수출입은행 해외경제연구소, 2022.

16 산업통상자원부 보도자료, 「한국형 이산화탄소 포집·활용·저장(K-CCUS) 추진단 발족」, 2021.4.7.

17 관계부처 합동, 「2050 탄소중립 시나리오안」, 2021.

18 환경운동연합 홈페이지. http://kfem.or.kr/?p=219247. 검색일: 2023.5.1.

19 탄소중립녹색성장위원회 홈페이지. https://www.2050cnc.go.kr/base/contents/view?contentsNo=9&menuLevel=2&menuNo=11. 검색일: 2023.5.2.

20 관계부처 합동, 「국가 탄소중립·녹색성장 기본계획(안)」, 2023.

감지

역사와 현실의 풍경

자연의 힘을 압도한 인류는 지구 행성의 변화를 일으키는 주요한 행위자가 되었다. 인류세를 제대로 살펴보려면, 인류세의 지질학적 증거가 확연히 드러나는 시점을 살펴보는 것과 별개로 인간이 어떻게 그러한 힘을 갖게 되었으며 어떻게 행성의 변화에 계기를 마련했는지 또한 가까이서 들여다볼 필요가 있다. '감지'에서는 여러 학자가 사유한 담론과 저자가 뛰어든 현장을 여행하면서 인류세의 역사와 현실을 다룬다.

인류는 언제부터 자연을 마음대로 쓰고 착취해도 된다고 생각했을까? 박범순은 16~17세기 근세 유럽의 자연관에서 두드러진 변화가 일어났다고 말한다. 과학혁명이 일어나고, 국가가 도래하고, 해상 무역이 팽창했다. 정복된 곳의 오래된 전통과 역사가 지워지는 테라포밍과 제노사이드가 일어났다. 인류세의 현상은 20세기 중반 이후에 볼 수 있지만, 그 연원이 되는 사회 시스템의 변화는 수백 년 전으로 거슬러 갈 수 있다.

최명애는 이러한 역사의 연장선을 따라 미국 남부와 뉴올리언스 지역을 여행하면서 인류세의 연대기를 보여 준다. 흑인 노예를 납치해 대농장을 만들었고, 그 자리에 들어선 열악한 노동 환경을 기반으로 한 중화학 공업 단지는 최고의 암 발생률이라는 불명예스러운 수치로 나타났다. 뉴올리언스는 허리케인 카트리나로 파국을 맞는다. 파국 끝에 희망은 있는가?

최평순은 20세기 중반에 시작된 대가속의 재난 끝으로 인도한다. 대가속의 시기는 일군의 지질학자와 지구시스템과학자가 인류세의 시점으로 지목한 시대다. 사상 최악의 산불이 일어난 호주, 빙하 홍수가 잦아지는 히말라야의 산간 마을, 인도네시아의 석탄 광산을 누볐다.

마지막으로 남종영은 코로나19 대유행 때 일어난 밍크 살처분과 미국의 육류 대란 사태를 상기시킨다. 동물과의 관계를 중심으로 인간의 역사를 되짚으면서, 닭 뼈가 인류세의 중요한 화석이 될 거라고 이야기되는 22세기의 인류세에 당도하게 된다.

인류세의 연원(淵源)과 자연 개념의 변화[1]

박범순

과학의 여러 분야 사이에서 새로운
지식과 기술이 등장하고 사회에서
수용되는 과정을 연구하는
과학사학자이며, 과학기술학의
방법론을 사용해 정책적 이슈를
다루고 있다. 최근에는 합성생물학,
인공지능, 인류세 등의 개념이
던진 인류 생존과 미래 문명에
대한 문제를 연구하고 있다. 현재
카이스트 과학기술정책대학원 교수로
인류세연구센터의 센터장을 맡고 있다.

인류세는 새로운 지질시대를 가리키는 과학적 개념이지만, 인간이 지구 행성의 변화에 주요 행위자로 거듭났음을 내포하기 때문에 이에 대한 깊은 성찰과 행동 변화를 요구하는 실천적 개념이기도 하다. 인류는 언제부터 어떤 근거로 자연을 마음껏 쓰고 착취하고 파괴해도 된다고 생각했을까? 이런 자연관의 변화는 어디에 기록되고 어떻게 읽어 낼 수 있을까?

시대 전환의 기록으로서 예술

자연에 대한 관념은 지역에 따라 다르고 시대의 흐름에 따라 변한다. 역사적으로 자연관에 대한 가장 두드러진 변화는 16세기와 17세기 사이 유럽에서 일어났다. 이 시기는 기독교와 봉건제 중심의 중세 질서가 무너지고 근대로 이행하는 때라는 뜻에서 근세(近世, early modern)라고 부르기도 한다. 르네상스 인문주의의 배경 속에서 일어난 종교개혁은 사회 변혁을 촉진했고 신·구교도 세력 간에 크고 작은 분쟁을 일으켰다. 최초의 국제전으로 일컬어지는 30년 전쟁 끝에 1648년 체결된 베스트팔렌조약은 새로운 질서, 즉 종교의 자유, 국가 주권 개념에 기반한 새로운 정치적·법적 질서의 도래를 알렸다. '대항해의 시대' 또는 '지리상의 발견'이라고도 불리는 이 시대에는 해상 무역이 팽창했고, 이와 함께 상업자본주의가 크게 성장했다. 또한 이때는 과학혁명의 시기였다. 불변의 진리처럼 여겨졌던 지구 중심의 우주관이 코페르니쿠스, 갈릴레오, 뉴턴 등에 의해 깨졌고, 행성의 운행과 물체의 낙하를 포함한 모든 종류의 운동을 일관성 있게 설명할 법칙이 나왔다. 세계가 일정한 법칙에 따라 움직이는

〈추락하는 이카로스가 있는 풍경〉. 출처: Wikimedia Commons

커다란 기계라면, 신은 처음에 동력을 주는 태엽 감는 일만 한 뒤 인간사에는 개입하지 않는 존재로 여겨지게 됐다. 마찬가지로 대지는 신비로운 생명력의 보고가 돼 인간 활동을 위한 값싼 자원의 저장소가 돼 버렸다.

이러한 정치·사회·경제·문화의 변혁기에 평민들은 어떤 생각을 하며 살았을까? 브라반트 공국(현재 벨기에와 네덜란드에

걸쳐 있는 지역)의 화가 피터르 브뤼헐(Pieter Bruegel, the elder)의 유명한 그림 〈추락하는 이카로스가 있는 풍경(Landscape with the Fall of Icarus)〉(1558)에서 우리는 농민들의 일상과 세계관의 일면을 볼 수 있다. 이 풍경화의 주인공은 의심할 바 없이 화폭 중앙을 크게 차지하고 있는 농부다. 한 손에는 쟁기를, 다른 손에는 채찍을 쥐고 시선은 땅을 향한 채 밭 가는 일에 여념이 없다. 농부의 오른쪽 옆에는 양 떼를 돌보는 목동이 보인다. 목동의 시선은 하늘을 향해 있다. 무엇을 보고 있는 걸까? 하늘에 무언가 있거나, 아니면 잠깐 휴식이나 명상을 취하고 있는 모습일 수 있다. 목동의 뒤편에는 바다가 있고 우측 아래에는 낚시질에 열중한 어부의 모습이 보인다. 그렇다면 밀랍으로 새털을 엮어 만든 날개로 태양에 너무 가까이 가는 바람에 밀랍이 녹아서 땅으로 떨어졌다는 그리스 신화 속 이카로스는 어디에 있나? 그의 얼굴은 찾을 수 없고 단지 어부가 쪼그려 앉아 있는 앞에 바다에 빠져 허우적거리는 다리만 보일 뿐이다. 흥미로운 사실은 이카로스의 추락에도 농부, 목동, 어부는 시선을 전혀 주지 않고 있다는 점이다. 브뤼헐은 왜 이카로스를 이런 방식으로 풍경화에 굳이 포함했을까? 여기서 바로 화가의 의도를 읽을 수 있다. 이카로스가 육지가 아닌 바다에

추락했다는 사실이 중요하다. 바다와 선박은 예측하기 어렵고 위험천만한 신세계를 상징하며, 육지와 쟁기는 일상적이고 안정적인 구세계를 가리킨다. 큰 돛을 단 배는 섬 사이를 가로질러 멀리 보이는 신도시를 향해 간다. 이곳은 유럽 상업의 중심지로 떠오른 안트베르펜(Antwerpen)이다. 전통과 육지에 속박된 세계에서 기회와 위험이 가득한 미지의 세계로 뻗어 나가는 출구 도시이다.[2]

16세기 중반 시대 전환의 긴장감을 담고 있는 브뤼헐의 풍경화는 17세기 초 이른바 네덜란드 황금시대의 전성기에 크게 유행했던 정물화와 대조된다. 아름다운 꽃과 살아 있는 듯한 곤충, 바구니에 담긴 탐스러운 과일과 식탁 위를 기어가는 도마뱀, 값비싼 식기와 남겨진 음식, 사냥터에서 잡아 온 것 같은 새와 짐승들 모두 귀족 부럽지 않은 부와 권력을 소유하게 된 신흥 부르주아 삶의 단면을 보여 준다. 또한 구교의 타락을 답습하지 않으려는 노력도 담고 있다. 인생의 기쁨과 즐거움에는 탐욕과 유혹이 뒤따르기 마련이고, 현세의 풍요와 영화는 한시적이며 덧없다는 종교적 메시지도 들어 있다. 당시 정물화의 대가로 손꼽히던 빌럼 클라스 헤다(Willem Claesz Heda)의 〈금박 잔이 있는 정물화(Still Life with Gilt Goblet)〉(1635)에서도 그가 살던 하를럼(Haarlem) 도시 사람들의 물적 풍요와 종교적 절제의 병존을 잘 볼 수 있다.

정물화에서도 시대 변화를 읽어 낼 수 있다. 수십 년의 간극이 있지만, 헤다의 정적인 정물화를 브뤼헐의 동적인 풍경화와

〈금박 잔이 있는 정물화〉. 출처: Wikimedia Commons

나란히 두고 보면 매우 흥미로운 점이 발견된다. 식탁 위에 있는 것들은 대부분 육지가 아닌 바다에서 왔다. 인근 바다인 북해에서 수확했을 신선한 굴은 말할 것도 없고, 그 옆에 놓인 식빵의 재료인 보리는 상당 부분 북쪽 발트해 연안 국가에서 수입된 것이다. 오른쪽 구석에 껍질이 반쯤 벗겨진 레몬은 가장 동적인 모습인데 남쪽 지중해 연안이나 좀 더 멀리 네덜란드령 브라질의 농장에서 재배된 것이다. 가운데 초록빛 잔에 담긴 백포도주는 프랑스산이거나 라인 지방산이고, 여기에 동인도 지역, 즉 인도네시아 섬들에서 수확된 정향이나 생강이 첨가되기도 한다. 여기저기 놓여 있는 고급스러운 식기들도 마찬가지다. 고블릿 잔과 마찬가지로 식초를 담는 조그만 양념병은 베네치아산 유리로 만든 것이다. 그 옆의 소금 통과 중앙에 쓰러져 있는 잔은 은으로 만들었는데, 이 광물은 독일이나 스페인 또는 스페인의 아메리카 식민지에서 채굴되었다. 소금 통에 수북이 쌓여 있는 소금과 굴 위의 원통형 종이에 들어 있는 사치품인 후추는 인도에서 온 것이다. 헤다가 그린 식탁은 세계를 보는 창 또는 '세계 지도' 그 자체였다.[3]

테라포밍의 역사적 사건과 문학적 상상

이처럼 예술가는 시대 변화의 기록자이자 해석가다. 그들 작품에는 수많은 이야기가 담겨 있다. 하지만 어떤 이야기는 가려진다. 위 사례에서는 농촌과 도시의 일상생활에서 유럽 저지대 국가들의 정치·경제적 변화의 배경 또는 그 결과, 예컨대 네덜란드인의 80년 독립전쟁(1567~1648), 동인도회사 설립(1602), 해상 무역 패권 장악 등이 가시화되지만, 다른 대륙의 자연 파괴와 주민 말살 등은 비가시화된다. 파괴와 말살에 대한 도덕적 감정은 시장 거래의 자본주의적 공정성 사이에 들어갈 자리가 없다. 자연은 이러한 가치가 비활성화된 상품으로 식탁에 오를 뿐이다. "전쟁 없는 무역도, 무역 없는 전쟁도 없다"란 구절에서 당시 해상 무역의 폭력성을 엿볼 수 있다. 이 말을 한 사람으로 알려진 얀 피터르스존

쿤(Jan Pieterszoon Coen, 1587~1629)은 동인도회사의 총독으로 재임 중 1619년 자와섬(자바섬)의 자야위카르타(현재 인도네시아의 자카르타) 왕국을 무너뜨리고 식민 지배의 거점을 건설했다. 동인도 지역의 해상 무역에서 경쟁하고 있던 영국에 독점적 우위를 차지하려는 의도에서 나온 일이다. 도시 전체를 물류 창고로 바꾸고 요새화했을 뿐만 아니라, 도시와 나라의 이름도 '바타비아(Batavia)'로 바꿨다. 바타비아는 네덜란드인들의 조상을 가리키는 말이었다. 정복된 곳의 오랜 전통과 역사와 풍경을 지우는 '테라포밍(terraforming)', 즉 지명 바꾸기를 통한 성격 전유하기의 결과였다. 이후 300년 넘게 이곳은 식민지의 정체성을 나타내는 바타비아로 불리게 됐다.[4]

네덜란드가 이처럼 동인도 지역의 섬들에 눈독 들인 이유는 무엇일까? 가장 큰 이유는 향신료 무역을 독점하기 위해서였다. 향신료 중에서도 정향(clove)과 육두구(nutmeg)는 말루쿠 제도 특정 섬들에서만 자라는 나무의 열매였다. 정향은 테르나테섬에서, 육두구는 말루쿠 제도의 일부인 반다 제도에서만 얻을 수 있었다. 말루쿠 제도가 지구의 활성을 보여 주는 단층선에 있어 화산 활동으로 인해 특이한 생물종이 자라게 된 것이다. 정향과 육두구는 자연의 선물이었다. 그리고 축복인 동시에 저주의 선물이 됐다. 1621년 쿤은 대규모 함대를 이끌고 반다 제도에서 가장 큰 섬인 론토르섬에 있는 정착촌 마을 셀라몬을 공격했다. 동인도회사에서 파견한 관리들이 거처하고 있는 곳을 원주민이 습격하려고 했다는 이유에서였다. 물론 정확한 근거는 없었다. 이 작은 마을을 공격하기에 함대의 규모는 너무나도 컸다. 네덜란드

작가 미상, 〈반다 제도 육두구〉, 1619. 출처: Wikimedia Commons

선박 18척을 포함한 50여 척의 배와 2천여 병력은 10주 만에 반다 제도의 마을과 요새화된 장소를 완전히 파괴하고 불태웠으며 약 1,200명을 생포했다. 왕의 통치를 받지 않던 마을에서 지도자 역할을 하던 수십 명의 원로들은 형식적인 재판을 통해 참수당했다. 마을 사람들은 노예로 팔려 나갔다. 극소수의 사람들이 섬의 고지대로 도망가 저항하기도 했지만, 이들을 완전히 제압하는 데는 몇 달 걸리지 않았다. 이렇게 자부심 많고 진취적인 무역 공동체였던 반다족의 세계는 간단히 사라졌다. 쿤은 신의 은총에 감사했다. 제노사이드(genocide)가 일어난 그 자리에는 육두구나무가 더 심어졌고, 외지에서 끌려온 노예들과 장사꾼들로 채운 새로운 세계가 건설되기 시작했다. 반다 제도에서 영국의 지배를 받고 있던 룬섬은 이 과정을 면했지만, 1667년 네덜란드

식민지로 복속됐다. 네덜란드가 반다 제도를 포함한 말루쿠 제도에서 향신료 무역을 독점하려고 협상을 통해 영국에 넘긴 것은 뉴암스테르담, 오늘날의 뉴욕이었다.

자연의 죽음에 대한 역사 해석

반다인의 비극적인 운명은 제국주의와 식민주의 역사에서 익숙한 이야기다. 16~17세기 남미와 북미에 살던 수많은 종족은 유럽의 식민주의자들과 싸우고 도망가고 살육당하고 병에 걸려 죽어 갔다. 인구는 70~90퍼센트가 줄어 그들이 경작하던 영역은 다시 수풀이 차지했고, 그 영향으로 온실가스인 이산화탄소가 급격히 줄어 지구의 평균 온도가 잠시 떨어지는 '소빙하기(Little Ice Age)'를 맞기도 했다(소빙하기의 원인은 이외에도 태양 흑점 운동 변화, 화산 활동에서 나오는 연기와 재, 대서양 조류의 변화 등 여러 가설이 있다). 그들이 살던 마을, 사냥하던 강과 산과 들은 테라포밍을 당해 다른 이름이 붙었고, 신세계에서 새로운 인생을 살고자 하는 정복자, 개척자, 종교인, 사업가 등이 들어와 자리를 차지했다. 원하지 않았지만 끌려와 거대 플랜테이션 농장에서 일해야 했던 노예들도 그 땅에 살게 됐다. 최근 일군의 역사학자와 저널리스트가 버지니아에 최초의 노예선이 들어온 1619년을 기점으로 미국사를 새롭게 서술해야 한다고 주장하는 것도, 이런 세계사적 영향을 반영하자는 움직임의 하나로 볼 수 있다.[5]

16~17세기에 일어났던 변화를 단순히 제국주의·식민주의·자본주의의 팽창에 들어 있는 인간의 탐욕이라는 프레임에서만 보면 그 핵심을 놓칠 수 있다. 중요한

사실은 이 변화가 유럽에서 부상하던 새로운 형이상학을 반영하고 있다는 점이다. 육두구와 같은 물질은 한낱 '질료(matter)'에 불과하고 인디언들이 차지하고 있던 광활한 대지는 비활성 자원 저장고니, 여기에서 최대한의 이윤을 얻어 내는 작업은 정당하고 합리적이며 신의 계명에 충실히 따르는 일이라는 관점이 퍼지고 있었다. 대표적으로 영국의 철학자이자 대법관을 지냈던 프랜시스 베이컨(Francis Bacon, 1561~1626)은 반다 제도에서 학살이 자행되고 있을 즈음 출판한 책에서 다음과 같이 정복과 종족 말살을 합리화했다. "일부 국가에서 민법에 의해 불법화되고 금지된 특정인이 존재하듯 자연의 법 및 여러 국가의 법에 의해, 또는 하나님의 계명에 의해 불법화되거나 금지된 국가들도 있게 마련이다. (…) [따라서] 시민 정신이 투철하고 치안이 잘 갖춰진 국가가 (…) 그들을 이 지구상에서 제거하는 것은 합법적일뿐더러 신의 뜻에도 부합하는 일이다."[6]

역사학자 캐럴린 머천트(Carolyn Merchant)는 『자연의 죽음(The Death of Nature)』(1980)을 통해 법 이론으로 무장한 베이컨의 세계관 이면에 있는 폭력성과 이와 연결된 그의 자연관 및 여성관을 신랄하게 비판한다. "[베이컨이] 자신의 과학적 목적과 방법론을 기술하기 위해 사용한 이미지 대부분은 법정에서 가져온 것이다. 그리고 그것은 자연을 기계적 발명품에 의해 고문당해야 하는 여성으로 간주하는지라, 마녀 고문에 쓰인 기계 장치와 마녀재판의 심문을 강력하게 시사한다."[7] 자연과 소통하고 이에 영향을 줄 수 있다고 알려진 마녀를 고문하는 일이 정당한 것처럼, 자연을 파괴하면서 천연자원을 추출해 쓰는 것은 얼마든지

The Death of Nature: Women, Ecology, and the Scientific Revolution By Carolyn Merchant (1980)

1980년에 출판된 캐럴린 머천트의 책. 과학사와 과학철학 분야에 큰 영향을 주었을 뿐만 아니라 환경사와 젠더 연구의 새로운 지평을 열어 주었다고 평가받고 있다.8

가능하다는 관점이 이미 과학혁명의 시기에 나왔다는 것이다.

다학문적 연구로서의 인류세

인간의 활동으로 지구가 바뀌었고 그 변화가 매우 커서 인류의 생존을 위협하는 지경까지 왔다는 인식이 인류세라는 용어에 축약되어 있다면, 이 연구를 위해서는 여러 분야에서 쌓아 온 지식을 총동원해야 한다. 이 작업에는 학문 분야의 융합보다는 각각의 전문성을 살린 '다학문적 접근'이라는 표현이 더 어울릴 것이다. 그래야 다양한 분석 대상과 스케일에서 면밀한 연구를 할 수 있기 때문이다. 예컨대, 지구시스템과학자들은 각자의 전문 분야에서 지구 행성의 변화를 감지하고 기록하고 분석해 패턴을 찾아내는 일을 해 왔고, 지질학자들은 인류세의 층서학적 증거의 기준을 확립하고 이를 가장 잘 보여 주는 대표지층을 찾아 그 특성을 보이는 작업을 했다. 인문학자들은 인류의 역사와 지구의 역사가 만나 서로 영향을 주는 상황에 이르게 된 원인, 과정, 그리고 인간과 행성에 대한 새로운 실존적 의미를 고민하게 되었다. 사회과학자들은 인류세에서 살아가기 위해 어떤 정치·경제 시스템이 도입되어야 하는지, 사회·문화는 어떻게 바뀌는 것이 좋을지 논의하기 시작했다. 예술가와 문학가는 시대 전환의 기록자일 뿐만 아니라, 말 그대로 아직 오지 않은 미래(未來)의 탐구자이며 흔적 없이 사라진 사람들의 목소리와 수많은 동식물의 수난을 되살려 보여 주는 이야기꾼이다.

이렇듯 인류세 연구는 발산적(發散的)이다. 하나로 수렴하지 않는다. 2023년 여름 인류세실무단이 14년의 실증 작업 끝에 캐나다 크로퍼드 호수의 지층을 인류세를 대표하는 '국제표준층서구역'으로 선정하고 플루토늄을 주요 표지(마커)로 사용하여 그 시작점을 1950년으로 정했다고 발표했는데, 이 발표를 독일 베를린에 있는 세계 문화의 집(HKW: Haus der Kulturen der Welt)에서 했다는 점이 의미심장하다. 이곳은 과학 연구 기관이 아니지만 인류세의 과학적 연구를 지원했을 뿐

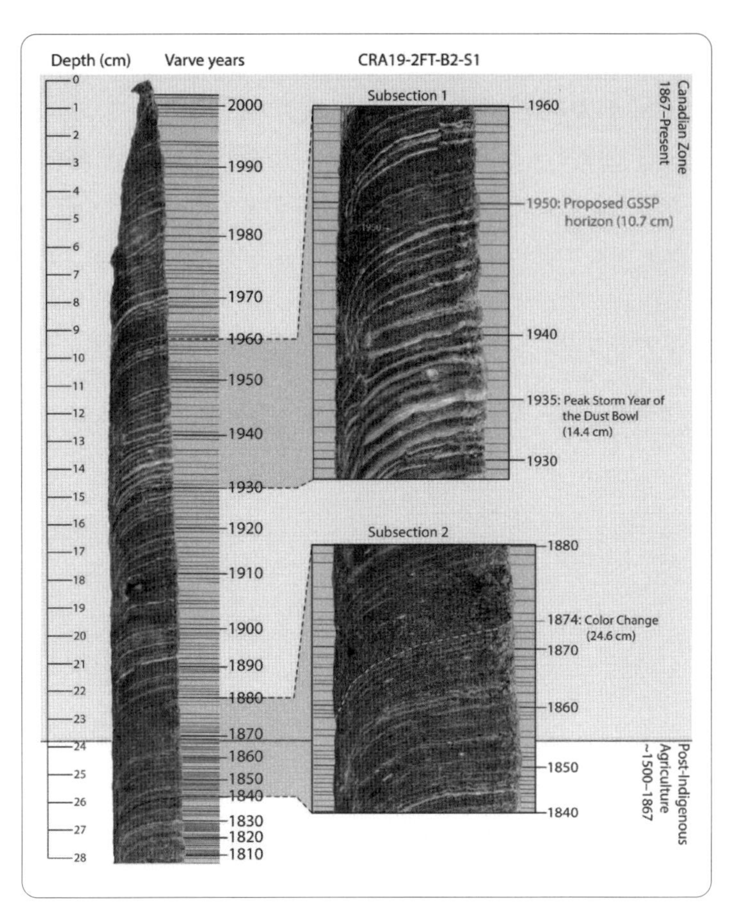

인류세의 표준 지표로 사용된 플루토늄이 1950년에 확연히 증가했음을 가장 잘 보여 주는 캐나다 동부의 크로퍼드 호수가 국제표준층서구역의 최종 후보지로 선정되었다.9

아니라, 기후학자, 지질학자, 철학자, 역사학자, 인류학자, 사회학자, 정치학자, 법학자, 예술가, 문학가, 언론인 등을 포함해 인류세에 관심 있는 사람들이 모여 토론하고 의견을 나누며 서로 배울 기회를 제공한, 진정한 의미의 플랫폼 역할을 해 왔기 때문이다.

여기에서 인류세 대표지층의 최종 후보들의 물적 증거들이
전시되었고 설명회도 열렸다.

2024년 3월 인류세실무단의 제안은 지질학계 안의 투표와 인준 과정을 거쳐 최종 부결되었다. 그럼에도 불구하고 인류세라는 실존적 위기 상황에서 다학문적 협업과 소통은 계속될 것이다. 아마도 우리에게 더욱 요구되는 것은 인류세의 다양한 기록을 찾아내어 읽고 해석하여 널리 알리는 일이 아닐까 생각한다.

1 이 글은 한국문화예술위원회가 발행하는 웹진 『A SQUARE』의 제7호(2023)에 실린 저자의 에세이 「인류세의 연원과 문화예술」을 수정·보완하여 쓴 글임을 밝힌다.

2 이 풍경화를 통해 역사적 변화를 읽어 내는 시도에 관해서는 Owen Hannaway, "Reading the Pictures: The Context of Georgius Agricola's Woodcuts," *Nuncius* 12(1), 1997, pp. 29~66을 참조. 이 그림에 대한 다양한 해석에 대해서는 Royal Museums of Fine Arts of Belgium, "'Landscape with the fall of Icarus'… and the surrounding controversy", Google Arts & Culture 참고. https://artsandculture.google.com/story/ewUxXpmuNdcLJg.

3 헤다의 정물화에 대한 해석은 Jason Farago, "A Messy Table, a Map of the World", *New York Times*, 2022.5.8 참고. https://www.nytimes.com/interactive/2022/05/08/arts/design/dutch-still-life.html.

4 아미타브 고시, 『육두구의 저주: 지구 위기와 서구 제국주의』, 김홍옥 옮김, 에코리브르, 2023 참고.

5 "The 1619 Project", *New York Times*, 2019.8.14. https://www.nytimes.com/interactive/2019/08/14/magazine/1619-america-slavery.html.

6 아미타브 고시, _____, 40쪽 재인용.

7 아미타브 고시, _____, 354쪽 재인용.

8 2020년 텍사스대학교 역사연구소에서 책 출판 40주년을 기념하여 열린 심포지엄 홈페이지. https://notevenpast.org/roundtable-the-death-of-nature-by-carolyn-merchant-1980.

9 Francine M.G. McCarthy et al., "The varved succession of Crawford Lake, Milton, Ontario, Canada as a candidate Global boundary Stratotype Section and Point for the Anthropocene series", *The Anthropocene Review* 10(1), 2023, pp. 146~176.

세상의 끝을 보러 미시시피에 가다: 인류세 하천 캠퍼스 리뷰

최명애

연세대학교 문화인류학과 조교수.
다종인류학, 인간 너머 지리학과
정치생태학의 접근법을 이용해 야생
동물 및 자연 보전을 연구하고 있다.
고래 관광과 포경, DMZ 두루미, 디지털
기술을 이용한 자연 보전, 생태 관광
등을 연구했다.

뉴올리언스 상공에 진입한 비행기는 고도를 낮추기 시작했다. 대지 위의 구불구불한 윤곽으로만 보이던 미시시피강이 가까워졌다. 강변의 들판에는 강을 향해 자를 대고 그은 것처럼 촘촘히 금이 그어져 있었다. 초록과 노랑, 흰색으로 칠해 놓은 것 같은 들판. 그러나 비행기 아래로 점차 모습을 드러낸 것은 공장이었다. 희뿌연 연기 사이로 탱크와 굴뚝이 강변을 따라 이어졌다. 강으로 느릿느릿 흘러가는 것은 집채만 한 화물선들이었다. 여기가 바로 미시시피강인가. 허클베리 핀과 톰 소여가 뛰어놀던 꿈과 낭만의 강은 어디로 가고, 눈앞에는 거대한 산업 단지가 펼쳐졌다. 독일 세계 문화의 집(HKW: Haus der Kulturen der Welt) 등 주최 측이 '인류세 캠퍼스'의 현장으로 미시시피 하구를 택한 것은 우연이 아닌 것처럼 보였다. 바로 여기가 플랜테이션 농장, 석유 화학 공장, 허리케인 카트리나 피해지로 이어지는 북아메리카 인류세의 현장이었다.

지난 2019년 11월 미국 루이지애나주 뉴올리언스에서 열린 '인류세 하천 캠퍼스: 인간의 삼각주(Anthropocene River Campus: The Human Delta)'에 참가했다. 인류세 캠퍼스는 인류세에 대한 다학제적 접근을 모색하기 위해 독일 세계 문화의 집과 막스 플랑크 과학사연구소가 2013년부터 발전시켜 온 '인류세 커리큘럼 프로젝트'의 주요 프로그램 중 하나다. 2014년 독일에서 열린 것을 시작으로, 미국 필라델피아(2017), 호주 멜버른(2018) 등에서 열렸다. 특히 뉴올리언스 인류세 캠퍼스는 2년에 걸쳐 다양한 현장 프로그램으로 구성되어 왔다. 인류세 하천 캠퍼스는 이 여정의 마지막 순서로, '충돌하는 시간성', '위험과 형평성', '상품의 흐름' 등 여섯 가지 주제의 세미나가 일주일 동안 이어졌다. 주제는 다양해도 현장은 한곳, 미시시피

하구였다. 인류세의 기원과 발전, 그리고 미래가 바로 뉴올리언스에서 배턴루지까지 85마일(약 137킬로미터)의 미시시피 삼각주에 집적돼 있다.

세상의 끝으로 가는 산업 통로를 지나

버스가 서쪽으로 달려 뉴올리언스 시내를 벗어나면 차창 밖 풍경은 갑자기 달라진다. 재즈 연주자 벽화와 프렌치 도넛 가게가 사라지고 허름한 빈집, 철조망, 강, 운하 그리고 공장의 굴뚝들이 나타난다. 뉴올리언스부터 루이지애나의 주도(州都)인 배턴루지까지는 자동차로 두 시간 거리다. 미시시피강을 거슬러 올라가는 이 길에는 150여 개 의 공장이 이어진다. 원유나 광물에서 연료와 플라스틱, 금속을 생산해 내는 산업체들이다. 원유를 가공해 에너지 연료를 생산하는 정유 공장, 원유에서 합성수지와 고무, 플라스틱을 추출해 내는 석유 화학 공장, 화학 비료 공장, 알루미늄 같은 금속 공장들이다. 시민 과학자인 화학자 윌마 수브라는 이 길을 "산업 통로(industrial corridor)"라고 불렀다. 그러나 유류 오염 반대 운동을 하는 지역 환경 활동가 스콧 유스티스는 이 길을 따라가는 세미나 팀의 답사에 "세상의 종말로 향하는 여행(Tour to the End of the World)"이라는 이름을 붙였다.

공장 굴뚝은 끝없이 이어졌다. 뉴올리언스-배턴루지 산업 벨트는 미국 남부를 대표하는 석유 화학 공업 지대다. 정유 업체 엑슨이 1909년 이곳에 공장을 세운 후, 셸, 모티바, 듀폰, 덴카 같은 대형 석유 화학 산업체들이 줄줄이 들어왔다.[1] 북미 최대의 화학 비료 제조업체인 CF인더스트리, 노란다 알루미늄 공장도 규모가 크다. 대형 공장들이 일찌감치 들어선 것은 미시시피강 덕분이었다. 뱃길을 따라 원유와

상공에서 내려다본 미시시피 하구의 모습. 강변에 촘촘하게 형성된 네모 반듯한 토지들은 플랜테이션 농장이나 석유 화학 공장으로 이용된다.

광물을 실은 대형 선박들이 배턴루지까지 올라갈 수 있었고, 가공품을 싣고 뉴올리언스 항구까지 내려올 수 있었다. 과거 플랜테이션 시절 닦아 놓은 기반 시설도 한몫했다. 공업용수와 노동력을 손쉽게 구할 수 있었고, 강기슭에서 자원과 상품을 쉽게 선적하고 하역할 수 있었다. 철로와 도로도 물자의 신속한 운송을 도왔다. 이 지역에서 생산하는 연료와 금속, 플라스틱은 전 세계로 수출된다. 뉴올리언스항(Port NOLA)은 북미와 캐나다의 가장 큰 산업항 중 하나다. 항구에 비치된 안내문에는 "자동차의 철판, 신용카드의 플라스틱, 알루미늄 캔, 고무 타이어, 커피까지 당신의 가정에서 쓰는 물건들이 바로 이 뉴올리언스항에서 출발한 재료들로 만들어졌습니다"라고 적혀 있다. 이곳의 석유 화학 공장에서 생산한 플라스틱 펠릿이 우리나라의 부산까지 가는 데는 34일이 걸린다.

붉은 쓰레기 산과 바람에 흔들리는 사탕수수밭

강을 따라 '세인트찰스', '세인트존', '세인트제임스' 같은 이름의 크고 작은 동네들이 이어졌다. 도로 한쪽의 철조망 너머로 공장이 있고, 다른 쪽에는 허름하거나 깔끔한 단층 주택들이 있었다. 공장의 철제 파이프와 굴뚝, 연기 사이로 물탱크와 석유 탱크들이 나타났다 사라지곤 했다. 곳곳에 얼룩이 진 공장 마당에는 트럭이 지나가고, 전깃줄도 지나가고, 가끔은 기차 레일도 보였다. CF인더스트리 앞에는 석유 탱크 기차가 꼬리에 꼬리를 물고 정차해 있었다. 폐기물을 쌓아 올린 '쓰레기 산'들도 가끔 나타났는데, 알루미늄 공장 옆에는 거대한 붉은 산이 만들어져 있었다. 원료인 보크사이트를 정제하고 남은 산화 폐기물이라고 했다. 어수선한 풍경 사이로 사탕수수를 실은 트럭들이 지나다녔다. 이 거대한 산업 단지 한쪽에 사탕수수 농장들이 있었던 것이다. 마침 사탕수수 수확 철이라고 했다. 공장의 송전탑과 전봇대, 그치지 않는 연기 앞으로 어른 키를 훌쩍 넘게 자란 사탕수수들이 바람에 흔들렸다. 거짓말 같은 풍경이었다. 공장과 주택, 원료와 폐기물, 플랜테이션 농장과 석유 화학 공장. 다양한 시공간에 걸친 인류의

(위) 버스 차창 너머로 석유 화학 공장의 굴뚝과 바람에 흔들리는 사탕수수가 보인다.
(아래) 휘트니 플랜테이션 박물관 예배당에 전시된 노예 소년·소녀 조각상들

자연 착취와 파괴가 집적된 바로 이 장면이 인류세를 웅변하는 풍경 중 하나일 것이다.

뉴올리언스에서 배턴루지에 이르는 산업 벨트의 기원은 엑슨 공장이 자리를 잡기도 훨씬 전인 150여 년 전, 18세기 중반으로 거슬러 올라가야 한다. 석유와 플라스틱이 있기 전에, 먼저 설탕이 있었다.

뉴올리언스를 포함한 루이지애나는 흑인 노예를 이용해 면화와 사탕수수를 재배하는 미국 남부의 대표적인 플랜테이션 지역이었다. 남북전쟁(1861~1865) 이전에는 지금의 산업 벨트를 따라 350여 곳의 플랜테이션 농장이 운영됐다고 한다. 초기에는 아프리카 중서부에서 흑인 노예를 데려왔고, 18세기 말부터는 미국 북부에서 노동력을 조달했다. 노예 노동을 이용해 재배한 사탕수수는 설탕으로 가공되어 유럽으로 수출되었다.

인류사 최초의 '행성적' 엔터프라이즈, 사탕수수 대농장과 노예 노동

산업 벨트 초입의 휘트니 플랜테이션(Whitney Plantation)도 그런 사탕수수 대농장 중 하나였다. 1752년 독일계 이민자 가정이 세운 이 농장은 비교적 최근인 1975년까지 운영됐다. 노예가 많을 때는 114명에 달했다고 한다. 지금은 플랜테이션과 노예 착취의 역사를 볼 수 있는 박물관으로 활용된다. 입구에는 작은 교회가 하나 있는데, 예배당 곳곳에 어린아이 조각상이 있다. 관람객들을 빤히 쳐다보기도 하고, 의자에 앉아 있기도 하고, 머리를 맞대고 놀기도 하는 모습이다. 휘트니 플랜테이션에서 태어나 살았거나, 팔려 갔거나, 죽은 아이들을 기리기 위한 기념물이라고 한다. 교회 밖에는 이곳을 거쳐 간 노예와 아이들의 이름이 기록된 추모의 벽이 있다.

미국 플랜테이션은 산업적 규모의 노동력과 물자가 대륙을 이동한 최초의 인류사적 사건 중 하나다.[2] 초기에는 아프리카 중서부에서 흑인들을 데려왔다. 한 세대가 지나 18세기 말부터는 미국 북부에서 남부로 흑인 노예들을 옮겨 와 노예 시장에서 매매했다. 루이지애나 남부에 있었던 노예 시장만도 50곳이 넘었다. 흑인들을 배에 싣고 아프리카에서 미국으로 오는 항해인 '미들 패시지(middle passage)'는 악명이 높았다. 화물처럼 차곡차곡 '적재'된 흑인들은, 셋 중 하나는 항해를 견디지 못하고 죽었고, 시신은 그대로 바다로 던져졌다. 미국 북부에서 남부로 이동하는 미국 내 '미들 패시지'의 악명도 그에 못지않았다고 한다. 노예들은 미시시피강을 따라 배를 타고, 때로는 걸어서 남부로 이송됐고, 노예 시장에서 농장으로 팔려 갔다. 출발할 때는 엄마와 오빠가 함께였지만, 오는 길에 엄마는 죽었고, 오빠는 다른 농장으로 팔려 가는 바람에 혼자 이 농장에서 일하게 됐다는 이야기는 플랜테이션 농장에서 일한 흑인들의 구술사에서 흔하게 들을 수 있다.[3] 농장주와 흑인 여성 노예 사이에서 태어난 아이들도 노예가 됐다.

휘트니 플랜테이션의 수석 디렉터 애슐리 로저스는 "플랜테이션 농장은 단순한 농장(farm)이라기보다 산업체(industrial business)에 가까웠다"고 했다. 사탕수수라는 자원을 생산해, 이를 설탕이라는 상품으로 만들어 내는 전 과정이 이곳에서 이뤄졌다. 플랜테이션 농장 한쪽에 거대한 사탕수수 경작지가 있고, 반대편에는 노예 숙소와 공장이 있었다. 사탕수수 수확 철에는 밤새 공장이 돌아갔다. 새벽에 경작지로 출발한 팀이 사탕수수를 베어 가져오면, 공장에서 기다리던 팀이 용기의 크기와 화력을 조절해 가며 사탕수수즙을 끓이고, 정제하고, 다시 끓여 마침내 설탕 결정이 맺힐 때까지 가공했다. 제조된 설탕은 잘 말려 포장한 뒤 강변으로 가져가 배에 실어 뉴올리언스항으로 이송했다. 고된 육체노동 작업이었고, 많은 노동력이 필요한 작업이었다. 여성 노예들은 노동자인 동시에 노동력을 생산하는 번식 기계이기도 했다. 루이지애나 주법은 아이들이 열 살이 될 때까지는 엄마와 따로 팔지 못하도록 했다. 농장주들은 열 살을 넘기기가 무섭게 남자아이들을 다른 농장으로 팔아 치웠다. 그래서 휘트니 플랜테이션 기록에도 10대 소년이 거의 없다. 그러나 여자아이들은 남겨 두는 경우가 많았다. 곧 임신이 가능한 연령이 되기 때문이었다.

흑인 노예 노동에 의존했던 사탕수수 플랜테이션 농장들은 20세기에 들어서면서 사양길로 접어들었다. 농기계, 비료, 농약이 발명됐고, 이들이 사탕수수를 심고, 기르고, 수확하는 사람의 노동력을 대체했다. 변화에 발맞추지 못한 플랜테이션 농장들은 하나둘 문을 닫았고, 그 자리에 석유 화학 공장이 들어섰다. 인간의 노동력을 이용해 자연 자원을 산업 상품으로 가공한다는 면에서 사탕수수 산업과 석유 화학 공업은 닮았다. 특히 플랜테이션 농장의 물적·인적 자원이 석유 화학 공업에 그대로 이용된다는 점에서 둘은 연장선상에 있는 것처럼 보였다. 사탕수수 경작지에 석유 화학 공장이 들어섰고, 설탕을 싣고 나르던 화물선들이 연료와 플라스틱을 실어 나른다. 노예제가 폐지된 뒤 흑인 노예들은 자유로운 노동자가 되었지만 돈을 벌기 위해, 혹은 빚을 갚기 위해 여전히 플랜테이션 농장에서 일해야 했다. 그들의 후예들은 석유 화학 공장의 현장 노동자로 일한다. 교육을 받지 못해서, 혹은 다른 이유로 석유 화학 공장에서 일하지 못하는 흑인들도 많다. 그들은 공단의 식당이나 주유소에서 시간제 노동자로 일하거나, 출구가 보이지 않는 실업 상태에 머무르곤 한다.

노예 노동이 사라진 자리, 암 환자와 실업자의 마을이 되다

세인트존 지역에 사는 흑인 여성 매리 햄튼은 사위와 며느리, 두 명의 시누이가 모두 암으로 세상을 떠났다. 매리 역시 끊임없는 두통에 시달리고 있다.[4] 뉴올리언스-배턴루지 산업 벨트의 전형적 아프로-

아메리칸(Afro-American) 커뮤니티인 세인트존의 암 발병률은 인구 1백만 명 당 317.3명이다. 미국 평균 발병률인 32명의 열 배에 달하는 수치다. 근처 세인트찰스 지역도 마찬가지다. 암 발병률이 1백만 명당 100명이 넘고, 조사에 따라서는 709.79명으로 집계되기도 했을 만큼, 미국 최고의 암 발병 지역이다.5 그런 이유로 세인트존과 세인트찰스가 자리 잡은 뉴올리언스-배턴루지 산업 벨트의 또 다른 이름은 '암 골목(Cancer Alley)'이다.

지역 주민과 환경 운동가들은 석유 화학 공장의 유해 물질을 원인으로 꼽는다. 산화에틸렌, 클로로프렌, 포름알데히드 같은 발암 물질이 대기와 토양, 강으로 배출돼 주민들의 건강을 위협하고 있다는 것이다. 매리 햄튼은 화학 물질 제조업체 덴카 공장 근처에 살고 있다. 덴카 인근의 클로로프렌 배출량은 미국 평균의 50배가 넘는다. 덴카뿐 아니라 몬산토, 셸, 유니언카바이드 같은 여러 중화학 공장들이 세인트존을 포위하듯 둘러싸고 있다. 지역 주민들은 만성적인 두통과 기관지 질병, 기억 상실, 백혈병과 유방암을 호소한다. 매리 햄튼의 사례는 이미 전국적인 뉴스가 됐다. 주민들과 활동가들의 요구는 오염 물질 배출량을 조금만 낮춰 달라는 것이다. 미국 환경청은 2015년 독성 물질 배출량을 조사하고, 덴카 측에 클로로프렌 배출량을 1세제곱미터당 0.2마이크로그램(μg) 이하로 줄일 것을 권고했다. 루이지애나 환경 행동 네트워크(LEAN: Louisiana Environmental Action Network)와 지역 주민들이 덴카의 배출 기준 강화를 촉구하는 캠페인을 수년째 벌이고 있지만, 변화는 더디다.

윌마 수브라와 LEAN의 활동가들은 암 골목이 겪고 있는 환경 부정의(Environmental injustice)를 세인트존이나 세인트찰스가 가난한 흑인 커뮤니티라는 사실과 연결한다.[6] 세인트존은 주민의 90퍼센트 이상이 흑인이고, 임금이 미국 평균의 3분의 1에도 못 미치는 17,000달러(약 2,020만 원)에 불과한 지역이다. 세인트찰스는 물론, 뉴올리언스-배턴루지 산업 벨트에 위치한 동네 상당수가 비슷한 처지다. 이들 동네의 풍경은 대체로 비슷했다. 공장을 마주하고 있는 주택들은 낡은 단층 건물들이었다. 헐거워 보이는 유리창에는 에어컨이 달려 있었다. 수는 적지만 백인도 산다. 석유 화학 공장에서 근무하는 블루칼라 노동자들이다.

다수를 차지하는 흑인들에게 세인트존은 위험한 지역이다. 일자리는 사라지고, 오염된 공기와 물이 건강을 갉아먹고 있다. 그러나 이곳의 백인들은 세인트존이 안전한 주거 지역이라고 말한다. 공장 덕분에 일자리가 보장되고, 부랑자가 없고, 루이지애나 도심과 달리 마약 문제도 없기 때문이다. 암 골목만큼이나 플랜테이션 농장에 대한 생각도 다르다. 휘트니 플랜테이션은 미국 남부에서 드물게 노예 역사를 비판적으로 전시한 플랜테이션 박물관이다. 반면에 대부분의 플랜테이션 박물관은 유럽 출신 농장주 가족의 우아한 취향을 낭만적으로 전시하는 데 몰두한다. 흑인 노예 이야기는 삭제되거나 배경으로만 등장한다. 가족을 보필한 순수하고 충직한 하인이라는 식이다. 요즘 플랜테이션 농장은 이벤트 장소로 많이 활용되는데, 특히 결혼식 장소로 인기가 높다. 그러나 어떤 이들은 플랜테이션 농장 결혼식을 "아우슈비츠 강제 수용소에서 올리는 결혼식"처럼 본다.[7] 시공간을 공유한다고 모두가 같은 '세계'에 살고 있는 것은 아니다.

인간과 자연을 착취하여 행성의 위기를 초래한 인류

정치생태학자들과 인류학자들은 인류가 직면한 행성적 위기가 '인간 활동' 때문이라는 지구시스템과학자들의 설명이 거칠고 모호하다고 보고, '인간 활동'이라는 범주를 정교화할 것을 요구한다. 도나 해러웨이와 제이슨 무어, 안드레아스 말름 등은 인간 활동 일반이 아니라 '자본주의'가 문제의 근원이며, 따라서 인류세가 아니라 '자본세'로 불러야 한다고 주장해 왔다.[8] 해러웨이는 인류학자 애나 칭 등과의 대화를 통해 '자본주의'를 '플랜테이션'으로 구체화한다.[9] 플랜테이션은 특정 작물의 생산량을 비약적으로 늘리기 위해 고안된 정치적·경제적·생태적 시스템이다. 이들은 플랜테이션이 도입되면서 인간과 자연, 인간과 인간의 관계가 근본적으로 바뀌었음을 지적한다. 이 방식을 통해 동식물이 자본을 축적하는 데 필요한 '자원'으로 새롭게 규정되고, 인간 역시 노동력을 통해 생산에 복무하는 인적 '자원'으로 새롭게 규정됐다는 것이다. '생명'이 이익을 창출하기 위한 단위로 환원된 것이다. 이들은 또 플랜테이션의 형성과 작동을 위해 인간, 동식물, 상품이 대륙을 건너 이동했다는 데 주목한다. 플랜테이션 농장이야말로 인류사 최초의 '행성적' 엔터프라이즈였던 셈이다.

뉴올리언스의 사탕수수 플랜테이션 농장은 해러웨이와 칭의 '대농장세(Plantationocene)'를 교과서적으로 보여 주는 사례다. 플랜테이션을 통해 자연은 사탕수수라는 단일 작물로 환원됐고, 인간은 노동력으로 환원됐다. 그 후 사탕수수가 석유 화학으로 대체됐고, 인간과 자연에 대한 착취와 폭력은 계속되고 있다. 플랜테이션이 생산량을 늘리기 위해 사탕수수와 토지의 생태를 바꾸어 놓았다면, 석유 화학 공업은 공기와 물, 토양을 바꾸어 놓고 있다. 흑인 노예의 신체에 가해졌던 물리적 폭력은, 흑인이 대부분인 지역 주민의 폐와 기관지에 대한 화학적 폭력으로 형태를 바꿨다. 흑인 노예 착취는 저임금 노동자 착취로 지속되고 있다. 이 같은 착취와 폭력을 통해 인류세가 형성되고, 발전하고, 유지되고 있는 것이다.10

그리고 냄새가 있었다. 세인트존에서도, 세인트찰스에서도, 휘트니 플랜테이션에서도 비슷한 냄새가 났다. 쇠 비린내 비슷하지만 좀 더 메스꺼운 냄새였다. 거름이 썩는 것 같기도 하고, 고무를 태우는 것 같기도 한 냄새가 공기 중에 떠돌았다. 익숙해지는 듯하다가도, 바람이 불 때마다 다시 강렬해지는 냄새는 우리가 서 있는 이곳이 중화학 공업 단지임을 상기시켰다. 냄새는 시공간을 뛰어넘어 내가 중학교 시절을 보냈던 1990년대 부산의 비누 공장에 대한 기억을 끄집어냈다. 학교 옆에 비누 공장이 있었는데, 오후가 되면 이상한 비린내가 바람을 타고 교실까지 날아오곤 했다. 오후 내내 그 냄새를 맡고 나면 머리가 지끈지끈 아팠다. 다른 시공간을 환기하는 것은 후각만이 아니었다. 노예 다섯 명이 함께 살았다는 두 칸짜리 오두막집을 보고는 열두 명이 함께 잠을 잤다는 1960년대 산업화 시절의 단칸방이 떠올랐고, 안개 속에서 반짝이는 플레어 스택(flare stack, 정유 공장이나 석유 화학 공장에서 가연성 가스를 점화해 연소시키는 굴뚝)의 불빛에서는 울산의 공업탑이 보였다. 몸의 감각으로 환기되는 경험과 기억 속에서 2019년의 뉴올리언스-배턴루지 산업 벨트는 산업화 시절의 한국과 순식간에 접속됐다.

다시, 한국의 인류세 풍경으로 돌아와

북미 인류세의 기원을 플랜테이션에서 찾는다면, 우리나라의 인류세는 급속한 산업화의 경험과 분리해 생각할 수 없을 것이다. 국가 주도로 이뤄진 급속한 산업화는 인간과 인간, 인간과 자연의 관계를 획기적으로 바꾸어 놓았다. 자연은 경제 성장을 위해 동원해야 할 '자원'으로 새롭게 개념화됐고, 자연의 생산력을 비약적으로 증가시키기 위한 기술적 간섭들이 이뤄졌다. 인간 역시 자본주의 발전을 위한 노동력으로 환원됐고, 노동자의 생산성을 증가시키기 위한 다양한 담론적·물질적 간섭들이 실시됐다. '게으르고 나약한 농민'을 '근면 자조 협동'하는 근대적 인간형으로 개조하려는 새마을운동 같은 국가적 캠페인이 대표적인 예다.[11] 인력과 자원, 물자의 이동 또한 수반됐다. 해외에서 자연 자원을 수입해 국내에서 가공한 다음, 다시 해외로 수출하는 가공 무역이 우리나라 자본주의 발전의 근간이었기 때문이다. 급속한 산업화의 경험은 인간-자연 관계의 근본적 변화를 야기하고 다양한 형태의 착취와 폭력을 수반했다는 점에서는 인류세적 보편성을 띠고 있다. 그러나 그 경로는 제국주의와 식민주의, 단일 작물의 대량 재배, 흑인 노예 노동 등으로 특징 지어지는 북미의 플랜테이션과는 판이하게 다르다. 국가 주도의 자본주의 발전, 냉전이라는 정치적 상황, 후발 산업 국가의 조바심 등이 주요한 변수로 작용했기 때문이다. 이처럼 경로 특수적인 경험을 살펴봄으로써 한국의 인류세, 나아가 지구적으로 특수하지만 지역적으로 보편적인 동아시아 인류세의 기원을 탐색해 볼 수 있을 것이다.

인류세 논의의 파급력은 가까운 미래에 파국이 도래한다는 위기 의식에서 나온다.[12] 그렇다면 뉴올리언스는 미래를 선취했는지도 모른다. 2005년 허리케인 카트리나는 예고도 없이 뉴올리언스를 덮쳤다. 도시의 80퍼센트가 물에 잠겼고, 1,800여 명이 거기서 빠져나오지 못한 채 숨을 거뒀다. 인구 48만 명의 도시에서 10만 채가 넘는 집이 파손됐다. 우리는 카트리나를 통해 자연재해가 가난한 자와 부유한 자에게 공평하지 않다는 것을 알게 됐다. 가장 큰 피해 지역인 제9 저지대 홀리크로스 지역은 뉴올리언스에서도 가난한 동네 중 하나다. 당시 대피했던 뉴올리언스 주민들이 지금은 80퍼센트 이상 돌아왔지만, 홀리크로스의 주민은 절반도 돌아오지 못했다. 주로 인근 대도시 휴스턴으로 대피한 이들이 돌아오지 못한 것은 돌아올 집도, 되찾을 일자리도, 다시 다닐 학교도 없기 때문이다.[13] 그러나 휴스턴에서의 삶도 안전하지 못하다. 2017년에 허리케인 하비가 강타하면서 휴스턴은 하루아침에 물에 잠겨 버렸다. 기후변화가 지구를 강타하고 있는 이 시점에 재해로부터 안전한 곳은 어디에도 없다. 홀리크로스의 주민들은 어쩌면 우리 모두에게 닥칠 '인류세 난민'의 운명을 조금 일찍 겪고 있는지도 모른다.[14]

그러나 계속되는 삶, 불탄 자리에 어린 희망의 빛

그렇다면 인류세의 미래에 희망은 없는 것일까. 카트리나 이후의 뉴올리언스를 살펴본 인류학자 이븐 컬크시와 동료들은 "있다"고 이야기한다.[15] 이들은 허리케인 카트리나나 후쿠시마 원자력 발전소 사고 같은 재난이 모든 생명을 완전히 절멸시킬 수는 없다는 데서 출발한다. 방사능 오염 지역에서도 일부 선형동물은 살아남고, 오히려 번성하기까지 한다. 재난으로 위기에 처하는 것은 우리가 당연하게 여기고 추구해 온 성장, 근대, 발전이며, 삶 그 자체는 재난 이후에도 계속된다는 것이다. 이때의 삶은 오직 인간만의 삶이 아니며, 인간과 비인간이 함께 미래 지향적인 생문화적 가능성(biocultural possibilities)을 다양하게 탐색하는 것이라고 이들은 지적한다.

컬크시는 염소들이 카트리나 피해 지역에 일으킨 변화를 사례로 들었다. 컬크시와 동료들은 2012년 카트리나 최대 피해 지역인 제9 저지대와 프렌치 쿼터에서 다양한 형태의 예술 실험을 전개했는데, 그러한 실험들 중 하나로 염소 세 마리를 풀어놓았다. 이 세 마리의 비인간 존재는 폐허가 된 지역에 생기를 불어넣었다. 사람들은 염소의 젖을 짜거나, 쫓아다니고, 공터에 염소의 먹이가 될 식물을 심기도 했다. 염소와 사람의 관계를 통해 땅 한 평, 해변 한 자락, 동네 한 귀퉁이가 새롭게 태어났고, 작지만 새로운 꿈들이 다시 살아난 것이다. 컬크시는 재난 이후의 희망은 (예전처럼) 고정되고 단단한 것이 아니라, 작은 반짝임, 환영(幻影), 물 위에 뜬 기름 같은 것들이라고 말한다. 이들의 이야기는 '자본주의 폐허에서 삶의 가능성'이라는 부제를 달고 있는 애나 칭의 『세계 끝의 버섯』을 떠올리게 한다.[16] 인류세 이후에도 삶은 계속되며, 그 삶의 모습은 약하고, 모순되고, 문란하면서도, 끈질기다. 뉴올리언스 인류세의 파국 이후를 다룬 이들의 논문 제목은 「불탄 자리에서의 희망(Hope in Blasted Landscapes)」이다.

1 W. Subra, “Tour of the Mississippi River Industrial Corridor”, Baton Rouge, 2019.

2 D. Haraway et al., “Anthropologists Are Talking about the Anthropocene,” *Ethnos* 81(3), 2016, pp. 535~564.

3 휘트니 플랜테이션의 여성 노예 안나(1810년생)의 이야기. 안나는 플랜테이션 농장주와의 사이에서 아들 빅터 헤이들(1835년생)을 낳는다. 빅터의 증손녀 시빌 헤이들 모리얼은 훗날 뉴올리언스 최초의 흑인 시장이 되는 어니스트 모리얼과 결혼한다.

4 J. Lartey et al., “‘Almost Every Household Has Someone That Has Died From Cancer: A Small Town, a Chemical Plant and the Residents’ Desperate Fight for Clean Air”, *The Guardian*, 2019.5.6.

5 University Network for Human Rights, *Waiting to Die: Toxic Emissions and Disease near the Louisiana Denka/DuPont Plant*, 2019. https://www.humanrightsnetwork.org/waiting-to-die.

6 S. Lerner, “A Tale of Two Toxic Cities: The EPA’s Bungled Response to an Air Pollution Crisis Exposes a Toxic Racial Divide”, *The Intercept*, 2019.2.24. https://theintercept.com/2019/02/24/epa-response-air-pollutioncrisis-toxic-racial-divide.

7 뉴올리언스대학교 도시계획학과 교수인 팔룬 아이두와의 대화. 2019.11.12.

8 A. Malm et al., “The Geology of Mankind? A Critique of the Anthropocene Narrative”, *The Anthropocene Review* 1(1), 2014, pp. 62~69; D. Haraway, “Anthropocene, Capitalocene, Plantationocene, Chthulucene: Making Kin”, *Environmental Humanities* 6(1), 2015, pp. 159~165; J. Moore, “The Capitalocene, Part 1: On the Nature and Origins of Our Ecological Crisis”, *The Journal of peasant studies* 44(3), 2017, pp. 594~630.

9 D. Haraway et al., _____.

10 G. Hecht, “Interscalar Vehicles for an African Anthropocene: On Waste, Temporality, and Violence”, *Cultural Anthropology* 33(1), 2018, pp. 109~141; K. Yusoff, *A Billion Black Anthropocenes, or None*, University of Minnesota Press, 2018.

11 문상석, 「새마을운동과 정신개조: 탈정치화된 농민의 성장」, 『사회이론』 38, 2010, 35~69쪽.

12 김홍중, 「인류세의 사회이론 1: 파국과 페이션시(patiency)」, 『과학기술학연구』 19(3), 2019, 1~49쪽.

13 허리케인 카트리나를 다룬 영화 〈Locked〉의 감독인 패트릭 잭슨과의 대화. 2019.11.12.

14 박범순, 「도망칠 수 없는 시대의 난민, 인류세 난민」, 『과학잡지 에피』 10, 2019, 12~27쪽.

15 S. E. Kirksey et al., "Hope in Blasted Landscapes", *Social Science Information* 52(2), 2013, pp. 228~256.

16 A. L. Tsing, *The Mushroom at the End of the World: On the Possibility of Life in Capitalist Ruins*, Princeton University Press, 2015. 국내에 『세계 끝의 버섯』(현실문화, 2023)으로 출간되었다.

불탄 캥거루, 무너진 빙하, 총탄 세례를 당한 오랑우탄

최평순

환경·생태 전문 PD. 2011년 EBS에 입사해 다큐프라임 〈인류세〉, 〈여섯 번째 대멸종〉, 〈날씨의 시대〉, 〈긴팔인간〉 및 프로그램 〈하나뿐인 지구〉, 〈이것이 야생이다〉 시리즈를 연출했다. 『우리에게 남은 시간』 등을 썼다.

"정말 인류세적 풍경이에요."

지금은 고인이 된, 윌 스테판 지구시스템과학자가 한 말이 잊히지 않는다. 인류세적 풍경이라니, 처음 듣는 표현이라 낯설기도 했고, 똑같은 풍경을 바라보며 그렇게 묘사하는 점이 인상적이기도 했다. 생경했던 그 표현은 시간이 흐를수록, 다니는 현장이 쌓일수록 더 큰 울림이 있는 문장으로 다가온다. 이후, 나는 많은 현장을 다닐 때마다 그 말을 곱씹는다. 북극, 남극, 히말라야의 빙하는 녹고 있고, 아마존은 불타고 있고, 인도네시아 우림은 개발로 조각나 오랑우탄이 서식지를 잃었다. 해수면 상승으로 투발루와 같은 작은 섬나라는 기후 난민이 발생하고, 인도양·태평양·대서양의 공해는 불법·비보고·비규제 어업(IUU)이 횡행한다. 인류세를 알수록, 세계 곳곳에서 벌어지는 일을 마주할수록 '아, 이곳은 정말 인류세적 풍경이구나' 하고 되새긴다. 이 글을 통해 그중 직접 목격한 세 가지 인류세적 풍경을 말하고자 한다.

풍경 1: 호주 대화재

2019년 1월 9일, 새벽 6시, 캔버라 시내 한 호텔 야외 주차장은 여름임에도 제법 쌀쌀하다. 윌 스테판이 숨을 내쉬며 다가온다.

"차 타고 올 줄 알았는데 걸어왔네요?"
"고작 한 시간 거리인걸요."

EBS 제작진을 만나기 위해 새벽 5시에 집에서 출발해 여기까지 온 윌 스테판 호주국립대학교 명예교수는 지구시스템과학자다. 인류세 개념이 창안된 2000년부터 20여 년간 인류세 논의에 빠지지 않고 담론을 확장해 온 주역이다.

"쉭—"

기장이 열기구에 바람을 불어넣자 하늘로 솟구치는 열기구. 함께 동승한 탑승객들은 신이 나서 소리를 지른다. 2분도 채 지나기 전에 250미터쯤 오른 열기구는 상승을 멈췄다. 거짓말처럼 해가 나타난다. 호주 수도 캔버라의 일출은 아름답다. 전날 내린 비로 구름이 자욱하고 구름 위에는 열기구와 해 그리고 하나의 탑이 보인다.

캔버라의 상징 중 하나인 블랙마운틴의 송출 탑이 우뚝 솟아 있다.

"정말 인류세적 풍경이에요. 이 높이에 화석 연료를 사용해 올라온 인간과 우리가 지은 구조물만 보이잖아요."

붉게 물든 하늘은 낭만적이고, 공기는 청량하다. 이 공기가 지구에서 차지하는 비중은 매우 작다. 지구가 달걀이라면, 대기는 달걀 껍데기 수준이다. 티스푼으로 툭하고 건드리면 깨지는 달걀 껍데기처럼 얇다.

"인류세가 되고 대기의 이산화탄소 농도는 엄청난 양으로 늘었어요. 산업혁명 이전에는 280피피엠(ppm)이었는데 지금은 400피피엠이 넘죠."

구름이 걷히자 캔버라 시내가 훤히 내려다보였다. 열기구가 거대한 호수를 지나자 삼각형 게양대와 거기에서 펄럭이는 호주 국기가 보인다. 국회의사당은 그 언덕 밑 땅속에 지어졌다. 계속 도로를 따라가 보면 초록 돔이 덮인 전쟁기념관이 보인다. 건물들은 대칭 구조가 명확하고 모든 게 자로 잰 듯 도시 구획이 확실하다.

미국의 건축가 그리핀 부부에 의해 1913년경 디자인된 이 계획도시는 당초 계획과 달리 제1차 세계 대전과 경제 공황기까지 발전하지 못했다. 호주 국기가 펄럭이던 국회의사당 앞이 양들 풀 뜯는 목장일 정도였다. 그러다 제2차 세계 대전 이후, 1950년대부터 본격적으로 건물들이 들어서기 시작했다. 이제는 가장 인류세적인 도시로 손꼽힐 정도로 문명의 흔적이 잘 보인다. 높은 에너지 사용량, 잘 발달한 교통수단, 방사형으로 넓게 펴진 도시 구조. 윌 스테판의 말대로, 이 찬란한 성취는 불과 100년도 되지 않았다. 우리가 지구를 본격적으로 파괴한 시간과 비슷할 정도로 짧다.

이듬해인 2020년 1월 1일, 캔버라는 두꺼운 연기로 뒤덮였다. 호주 남동부 지역에 발생한 들불이 4개월 넘게 지속되며 피해가 캔버라까지 번진 것이다. 화재 현장에서 연기가 날아오며 캔버라 대기질은 위험 수준보다 21배 높은 세계 최악 수준이 됐다. 서울의 100배가 넘는 면적이 타 버렸고 국가 비상 상태까지 선포되었다. 윌 스테판은 이것이 인류세의 징후라고 말한다. 들불은 자연적인 현상이지만, 기후위기로 인해 '화재 체계'가 악화하며 화재의 강도, 빈도, 그리고 피해 지역 규모가 전례 없이 비정상적으로 바뀌었다. 지난 20~30년간 호주 대륙 강우량은 점차 줄었고, 특히 대화재 발생 전 3년간 강우량 수치는 처참했다. 여름에 섭씨 30도, 때때로 40도까지도 넘는 날이 늘어나면서 대형 화재를 위한 모든 조건이 갖춰졌다.

2020년 호주 대화재 당시 나는 피해가 가장 심한 캥거루섬을 찾았다. 호주에서 세 번째로 큰 섬으로 남호주에 위치한다. 1802년 영국 탐험가가 처음 이 섬을 발견했을 때 수많은 캥거루를 보고 이름 지었다. 그 정도로 생물다양성이 풍부한 곳이다. 그러나 내가 갔을 때 녹색이어야 할 숲은 검은 잿더미였고, 캥거루는 주검이 된 상태로 땅에 널브러져 있었다. 살아남은 야생 동물도 만날 수 있었는데, 화상을 입어 거동이 불편한 경우가 부지기수였고 운 좋게 멀쩡하더라도 섬의 초목 절반 정도가 사라져 먹을 것을 찾기 힘든 상황이었다. 매일 아침 숙소를 나서면 전날 먹이 활동을 하지 못해 굶어 죽은 캥거루의 눈을 마주했다. '호주의 갈라파고스'라 불리던 섬은 그렇게 죽음의 땅이 되어 있었다.

당시 화재로 호주 전역에서 약 10억 마리 동물이 목숨을 잃었다. 캔버라 외곽의 베이트먼베이(Batemans Bay)에서 윌 스테판 교수를 다시 만났다. 이곳 역시 피해가 심한 곳이다. 유럽우주국의 센티넬-2 위성에 포착된 사진에는 연기와 화염으로 뒤덮여 땅 표면을 관찰할 수 없을 정도였다. 화마가 휩쓸고 간 자리는 사람이 떠난 민가만이 즐비했다. 한 집을 둘러보던 윌 스테판 교수가 잔해 속 다기 한 구를 집어 들었다. 밤에 잠들기 전 차 마시려다 화염이 덮쳐서 황급히 대피했을 이재민, 재산 피해를 줄이기 위해 출동한 소방관들이 떠올랐다.

"들불이 많은 호주의 특성상 소방관들은 화재를 잘 알고 있죠. 이제 많은 경우 그들은 불을 끄다가 멈추고 돌아서서 이렇게 말해요. '이 화재는 진압할 수 없습니다. 너무 큽니다.' 그들은 이런 것을 한 번도

야생 동물 사체가 놓인 캥거루섬 화재 현장

본 적이 없어요. 인류세를 살아가면서 우리는 자연적인 현상들에 스테로이드를 퍼붓고 있죠. 더 크게, 강하게, 심각하게, 통제가 어렵게, 더 강한 영향을 주고 있어요."

그 스테로이드는 바로 화석 연료다. 석탄, 석유, 천연가스 등 화석 연료를 쓰는 한 기후위기로 인한 자연재해는 더 잦아지고 맹렬해진다. 전 세계 석탄 수출의 3분의 1을 차지하는, 세계 최대 석탄 및 액화천연가스 수출국 호주 또한 그 책임에서 자유롭지 못하다. 가해자와 피해자를 구별하기 쉽지 않은 이 시대의 재앙은 행성 전체에 걸쳐 나타난다는 것이 특징이다.

풍경 2: 히말라야 해빙

인류세 재난이 체감되지 않는 이유 중 하나는 재난의 예고에서 발생까지 진행되는 속도가 느리기 때문이다. 그것을 실감한 현장은 바로 히말라야다. 2021년 2월 7일, 퇴근 후 거실에서 저녁 먹으면서 가볍게 TV를 틀었다. 사건 뉴스가 나오고 있었는데 앵커 옆의 현장 그림을 보는 순간 심장이 쿵 하고 내려앉았다. 인도 북부 히말라야 고산 지대에서 빙하 홍수가 발생해 마을과 도로가 휩쓸리며 200여 명의 사상자가 발생했다는 화면이었다.

안타까운 국제 뉴스를 접하며 2014년에 제작했던 방송이 떠올랐다. 바로 〈하나뿐인 지구: 기후변화 특집 히말라야 대재앙 빙하 쓰나미〉다. 프로그램명이 말하듯 기후위기의 심각성을 알리기 위해 당시 빙하 홍수의 쓰나미 위험성을 경고했는데 7년 후 진짜 현실이 된 것이다.

기후위기로 인해 북극과 남극의 빙하가 녹는다는 것은 이미 많은 사람이 잘 알고 있다. 하지만 히말라야 지역의 빙하가 녹아 빙하 호수가 많이 생겼고(지금도 만들어지고 있다), 빙하호의 크기가 빠르게 성장하고 있다는 것을 아는 사람은 별로 없다. 흔히 제3의 극지라 불리는 히말라야는 인류세 현장이다. 없던 빙하 호수가 생기고, 있던 빙하 호수가 거대해진다. 호수의 자연 제방이 강해지는 물의 압력을 이기지 못하고 터져 버려 호수의 물과 흙이 쓰나미처럼 산 밑 마을을 덮친다. 이 현상을 '빙하 홍수', 영어로는 GLOF(Glacial Lake Outburst Flood)라고 부른다. 인간이 만들어 낸 새로운 재해다. 1994년에 부탄에선 빙하 홍수로 21명이 목숨을 잃었다.

빙하 홍수를 연구하는 과학자와 나 같은 PD에게 빙하 호수는 신종 재해의 시한폭탄이지만, 정작 히말라야에서 살아가는 사람들은 호수를 신이라 여긴다. 대자연에 대한 경외심이라고 할까. 취재 중 만난 한 주민은 빙하 홍수가 발생한다면 이는 사람들이 빙하호를 더럽혀서 신이 노했기 때문이라고 표현했다. 히말라야는 그토록 영험한 존재다. 고대 인도의 산스크리트어로 히마는 '눈', 라야는 '집'이다. '눈의 집'에서 가장 높은 산이 에베레스트이다. 네팔에서는 에베레스트를 '하늘의 여신(사가르마타)'이라고 칭한다.

하늘의 여신이 흘리는 눈물을 촬영하기 위해 내가 향했던 곳은 에베레스트 베이스캠프 밑 임자 호수다. 해발고도 5,010미터의 호수에 가기 위해선 비행기가 닿는 고도 2,800미터 지점부터 8일을 꼬박 걸어야 한다. 고산 트레킹은 인간이 산소 호흡 생명체임을 깨닫는 과정이다. 평소에는 잘 느껴지지 않지만 사실 우리는 21퍼센트의 산소와 78퍼센트의 질소로 구성된 대기 안에서 살아간다. 너무 당연히 여기는 대부분의 시간 동안 잊고 살지만, 익숙한 대기 환경에서 벗어나면 그 영향을 느낄 수 있다. 4천 미터 지점을 넘어가니 희박해진 산소 탓에 머리를 쿡쿡 찌르는 듯한 고산병 증상이 찾아왔다. 치통을 호소하는 조연출과 불면증에 시달린 촬영 감독을 다독여 마침내 임자 호수에 오르자 맞은편 임자 빙하와 어우러진 호수의 설경이 펼쳐졌다. 처음 보는 장엄한 풍경에 압도당한 한국 제작진과 달리 현지인 셰르파 펨바는 그 변화를 체감하는 듯한 표정을 짓는다. 20년 만에 왔는데 호수가 너덧 배 커졌다니 그럴 만도 하다.

워낙 커서 한눈에 안 들어올 정도의 크기를 가진 임자 호수는 50년 전만 해도 그저 작은 연못에 불과했다. 1960년대부터 만년설이 녹아 호수가 커지기 시작해 2014년에는 길이 2.3킬로미터, 수심

150미터의 거대 호수로 변했다. 짧은 시간에 폭발적으로 이뤄진 부자연스러운 성장에 과학자들은 빙하 홍수 쓰나미가 임박했음을 국제 사회에 알렸고, 임자 호수는 히말라야 전역의 빙하호 중 가장 위험한 곳이라는 타이틀을 획득했다. 무시무시한 소식을 듣고 찾아간 호수의 현재 모습을 카메라에 담는 것만으로도 대재앙의 징후를 시청자들에게 전달할 수 있었다. 땅에 내려온 후 다른 환경 이슈를 취재하다 보니 '눈의 집'에서 벌어지는 일은 잠시 잊고 지냈다. 2021년에 일어난 인도 히말라야 빙하 홍수가 2백여 명의 사상자를 낳았다는 뉴스를 접하기 전까지는…….

10년의 세월이 흐른 지금, 임자 호수는 어떻게 됐을까? 다행히 아직까진 괜찮다고 한다. 2016년에 유엔개발계획과 네팔 정부·군이 힘을 합쳐 6개월 동안 배수 작업을 벌여 물 4백만 세제곱미터를 빼내 수위를 3.5미터가량 낮춘 덕분이다. 해발 고도가 5천 미터가 넘는, 세계에서 가장 높은 호수 중 하나에서 진행된 이 사상 초유의 프로젝트에 유엔개발계획이 쓴 돈만 40억 원이 넘는다. 하지만 빙하가 점점 녹아 임자 호수로 이어진 경사면에 낙석 위험이 커지고 있어 빙하 홍수의 위협은 현재 진행형이다.

더 큰 문제는 히말라야가 네팔에만 걸쳐 있지 않다는 것이다. 히말라야 전역에 4,198개 빙하호가 있고 임자 호수 같은 극도로 위험한 상태의 빙하호가 60개, 중간 위협의 빙하호는 164개에 이른다(2021년 기준).[1] 이 중 2021년 2월 인도에서 발생한 히말라야 빙하 홍수는 과학계의 경고가 사실에 기반했음을, 기후위기가 현실임을 상기시킨다.

인류세에 대자연은 신성시되지 않는다. 인류는 임자 호수와의 전투에서는 이기고 있지만(아직은 극도로 위험한 60개 빙하호 중

수위를 낮추는 작업이 진행 중인 임자 호수. 사진: 네팔 정부

하나로 분류된다), 히말라야 전선에서는 밀리고 있다. 전문가들은 기후위기로 인한 지구온난화 때문에 21세기가 끝날 무렵에는 에베레스트 지역 빙하의 70퍼센트가 녹아 사라질 것이라고 경고한 바 있다. 기후위기의 피해가 예상되는 모든 지점에 임자 호수처럼 천문학적인 돈과 인력, 시간을 투자할 수는 없는 노릇이다. 결국 질 수밖에 없는 전쟁을 하고 있는 셈이다.

풍경 3: 인도네시아 석탄 광산

인도네시아는 세계에서 세 번째로 큰 열대 우림을 품고 있다. 보르네오섬이라고 알려진 칼리만탄 동부에서 나는 기구한 신세의 오랑우탄을 여럿 만났다. 시작은 2018년 2월에 접한 기사였다. 한 수컷 오랑우탄이 130여 발 총알을 맞고 숨졌다는 헤드라인은 충격적이었고, 함께 실린 사진은 참혹했다. 숲에 먹을 것이 없어지자 파인애플밭으로 내려온 오랑우탄은 농부에게 총격당했다. 이튿날 호수에서 발견돼 야생 동물 보호 단체의 구조를 받고, 병원으로 옮겨졌지만 끝내 숨졌다. 산소 호흡기를 입에 물고 심폐 소생술을 받는 모습은 애처로웠다.

당시 구조했던 야생 동물 보호 단체 COP(Centre for Orangutan Protection)의 활동가를 인도네시아에서 만났다. 그는 몇 장의 사진을 보여 줬다. 가장 충격적이었던 것은 엑스레이 사진이었는데, 총알 수십 개가 두개골 주변에 박혀 있었다. 나는 그 활동가에게 발견 당시 상황과 관련 정보를 듣고 해당 장소로 향했다. 놀랍게도 그곳은 국립 공원이었다. 본탕이라는 도시에서 멀지 않은 쿠타이국립공원인데 면적이 2천 제곱킬로미터다. COP 활동가에 따르면 본래 사람이 살 수 없는 구역인데, 광산 개발로 도로가 뚫리며 가난한 사람들이 도로 주변에 정착하기 시작했고 주 정부는 그들을 내쫓을 수 없어 거주권을 인정해 줬다고 한다.

총격 사건이 발생한 곳에 도착해 마을 사람들에게 탐문을 시도했다. 분위기가 너무 흉흉했다. 주민들이 대거 구속된 여파였다. 인도네시아 법은 오랑우탄을 비롯한 보호종을 죽일 경우 최장 5년의 징역과 1억 루피아(약 790만원) 이하의 벌금형에 처하도록 규정하지만, 실제로 처벌되는 경우는 드물다. 이 사건은 달랐다. 국제적으로 보도가 이어지자 인도네시아 경찰은 농장주 무이스 등 네 명을 전격 체포했다. 졸지에 남편과 아들, 사위가 감옥에 간 무이스의 부인은 억울함을 표했다. 자신의 농장에 커다란 해수가 나타나 농작물을 훔쳐 가는 것을 막는 차원이었는데, 집안의 남자들이 다 사라졌다는 것이다. 농민 입장에서 생각하면 참작할 여지가 있긴 하다. 야생 동물과 인간의 갈등은 도시 맨 끝자락에 있는 사람과 인간의 충돌로 나타난다.

오랑우탄에 의한 작물 피해가 누적되어 주민들의 불만이 고조됐고, 그것이 우발적인 사건으로 이어진 것이다.

숨진 오랑우탄이 발견된 호수를 찾아 드론을 띄웠다. 화면 속 저 멀리 수 킬로미터 떨어진 곳에 국립 공원이라면 응당 가지고 있는 산림이 보였다. 호수와 숲 경계선 사이에는 파인애플밭과 팜유 농장이 듬성듬성 들어서 있었다. 저 경계선에서 이 호숫가까지 오랑우탄이 걸어왔을 거리를 생각하니 마음이 무거웠다. 보통 오랑우탄은 땅에 내려오지 않고 나무 사이를 건너 이동하는데, 이 동선에는 나무가 없었다. 얼마나 먹을 게 없으면 위험을 무릅쓰고 몸을 피할 곳 없는 이 땅을 가로질렀을까. 동네 주민들에게 물어보니 총격 사건 전에는 오랑우탄이 많았는데, 이제는 거의 안 나타난단다. 살아남은 오랑우탄들은 어디에 있을까? 지도를 보고 다음 행선지를 정했다. 이곳에서 차로 두세 시간 올라가면 세계 최대의 노천 광산 중 하나가 있다. 석탄 회사는 거기서 최고급 석탄을 채굴한다. 매장된 석탄을 다 캐고 나면 인근 지역을 발파한다. 그렇게 길을 따라 계속 광산 부지를 확장 중이다. 오랑우탄에게는 살기 힘든 환경이지만, 사람들도 살기 힘든 환경인지라 석탄 회사 관계자를 제외하면 거주민이 별로 없다. 자신을 해할 사람들이 적으면 오랑우탄이 머물 가능성이 있다.

도로를 따라 올라가면서 트럭 운전수들을 상대하는 매점 주인들에게 오랑우탄 출몰 여부를 탐문했다. 한 주인이 휴대 전화로 자신이 찍은 영상을 보여 준다. 아까 지나온 아스팔트 길을 따라 어린 오랑우탄이 걷고 있다. 오토바이에 탄 주민이 소리를 질러도 아랑곳없이 앞만 보고 걸을 정도로 힘없어 보였다. 그렇게 븡알론 지역의 오랑우탄을 만났다.

광산 개발로 파괴된 붕알론 전경. 광활했지만 이제 조각난 숲에 오랑우탄이 살아간다.

이후 3년이 넘는 시간 동안 그곳을 계속 찾아 그들의 삶을 기록했다. 석탄 광산이 조각낸 숲은 1헥타르(약 3천 평)도 안 되는 면적으로 듬성듬성 있었는데, 그 점들을 오랑우탄 몇 마리가 오가며 지내고 있었다. 채굴이 끝난 지역은 광산 회사가 조림 명목으로 묘목을 심었는데 그 개활지에 오랑우탄이 매일 나타나 묘목을 뽑아 먹었다. 몸을 숨길 곳 하나 없는 곳에 나타난 오랑우탄은 불안한지 계속 인기척을 살피며 묘목에서 자신이 손으로 훔칠 수 있는 가지와 잎을 한 움큼 집어 입으로 쑤셔 넣고, 씹으면서 이동하다가 다음 묘목을 훔치기를 계속했다. 그렇게 정신없이 200미터를 먹으며 지나간 녀석은 개활지 끝에 있는 나무에 자리 잡고 잠자리용 둥지를 만들기 시작했다. 설마 여기에 집을 짓는다고?

나는 눈이 휘둥그레졌다. 야생의 오랑우탄은 소음에 민감해 조용하고 은밀한 곳을 찾는다. 오랑우탄은 어찌나 청결한지 매일 새 둥지를 만들고, 헌 둥지를 재활용하더라도 새잎을 몇 장 구해 바닥에 깔고 잘 정도로 잠자리에 진심이다. 자신이 만든 잠자리에 누워 하늘을 바라보다 잠에 곯아떨어지는 유인원의 모습을 지켜보노라면 내가 침대에서 잠드는 모습과 비슷해 웃음이 났다. 그런데 이곳은 지금도 광산의 중장비들이 쉴 새 없이 움직이며 소음과 먼지를 내는 곳이다. 몇 시간에 한 번씩 발파 소리까지 들린다. 가히 최악이라 할 수 있는 곳의 부실하게 생긴 나무에서 오랑우탄은 몸을 뉘었다. 채굴 작업은 밤새 계속됐다. 인간보다 소리에 민감한 야생 동물은 그렇게 중장비 소리와 함께 잠을 잔다.

다음 날, 해 뜨기 직전 새벽녘에 둥지를 다시 찾았다. 기지개 켠 녀석이 슬금슬금 땅으로 내려와 어제 먹이 활동을 했던 그 개활지를 지나 다음 조각 숲으로 향한다. 가까이서 보니 어린 새끼다. 어미와 같이 다녀야 할 나이에 왜 혼자 다닐까. 보통 오랑우탄은 새끼가 독립할 때까지 어미가 7~8년을 양육한다. 어미에게 무슨 일이 생겼을 것이다. 아랫동네 파인애플밭에서 130여 발의 총격을 당한 오랑우탄처럼 사람에게 해를 입었을 가능성도 크다. 홀로 생을 이어가는 새끼를 쳐다보며 나는 측은함 이상의 감정을 느꼈다.

그 석탄 광산에서 생산하는 석탄은 세계 곳곳으로 수출되는데, 우리나라도 그중 하나다. 게다가 석탄 가격은 러시아의 가스 공급 축소로 유럽이 에너지 위기를 맞으면서 계속 치솟았다. 인도네시아 석탄을 확보하려는 국제 경쟁은 여전히 뜨겁다. 석탄 광산은 더 넓어질 것이다. 막스 플랑크 과학사연구소가 주도한 개체 수 조사에 따르면 1999년부터 2015년까지 16년 동안 칼리만탄에서 오랑우탄은 10만 마리 이상 줄어 개체 수 절반이 사라졌다. 이 추세라면 2050년까지 남은 절반의 절반인 45,000마리가 추가로 줄 것으로 예측했다. 이마저도

별다른 악재가 발생하지 않는다는 가정하에서다.

수도 자카르타가 포화 상태에 이르자 인도네시아 정부는 칼리만탄 동부를 새 수도로 선정했다. 개발은 이미 시작됐고, 오랑우탄은 연구소의 예측보다도 더 빠른 속도로 사라질 위기에 처했다.

인류세를 외친 이의 부고

2019년 1월 처음 '인류세적 풍경'이란 표현을 접한 후, 호주 대화재, 히말라야 해빙, 인도네시아 석탄 광산은 내게 단순한 촬영 현장이 아니라 인류세적 풍경으로 다가왔다. 나보다 앞서 세상을 그렇게 바라봤던 윌 스테판은 언제부터 그 프레임을 가졌을까?

인류세는 고(故) 파울 크뤼천이 2000년 멕시코에서 열린 국제지권생물권연구계획(IGBP: The International Geosphere-Biosphere Programme) 회의에서 처음 꺼낸 단어다. 그때 윌 스테판도 회의장에 있었다.

"뇌에서 번쩍하는 느낌을 받았어요. '맞아, 바로 이 단어야! 우리가 계속 이야기해 온 문제인데 파울이 말하기 전 우리가 분명하게 표현하지 못했던 그 단어!'"

당시 IGBP 전무였던 윌 스테판은 크뤼천에게 『국제지권생물권연구계획 소식지(IGBP Newsletter)』에 기고를 부탁했고 그렇게 2000년 5월, 인류세가 세상에 프린트된 상태의 활자로 처음 등장했다. 이후 윌 스테판은 동료 학자들과 함께 최근의 인류 역사를 연구하며 24개의 지표를 그래프로 만들었다.[2] 세계 인구, 도시 인구, 실질 GDP, 에너지 사용량, 비료 소비, 종이 생산 등 12개 지표는 사회·경제적 변화에 관한 것이었고, 다른 12개는 이산화탄소, 성층권 오존, 표면 온도, 열대 우림 손실, 해양 산성화 등 지구 시스템에 관한 것이었다. 결과는 간단명료했다. 거의 모든 그래프가 산업혁명부터 1950년 직전까지 작게 증가하다 1950년대를 기점으로 가파르게 상승한다. 윌 스테판은 이 경향성에 주목했다. 연구 팀이 2004년 펴낸 보고서 「지구적 변화와 지구 시스템: 압박받는 행성」3은 과학계의 큰 주목을 받았고 '거대한 가속(The Great Acceleration)'이라 불리기 시작했다. 인류세 담론에도 힘이 실렸다. 인류가 지구를 급격하게 변화시키는 힘으로서 작용하는 것이 도표로 드러났기 때문이다.

지구는 하나의 시스템이다. 인간의 몸이 피가 순환되고 폐 호흡을 통해 산소를 섭취하고 음식을 먹고 근육으로 움직이듯 지구도 통합적이고 복잡한 체계를 갖췄다. 남극과 북극에는 빙하가 존재하고 열대 우림, 사바나, 사막 등 대기가 작동하기 위한 순환 사이클 속에서 탄소 순환, 물의 순환, 해양 순환 등이 이뤄지며 상호 작용을 통해 작동한다. 거대한 가속은 지구 시스템의 변화 비율을 통제 불가능한 상황으로 밀어붙였고 공식 지질시대인 홀로세의 안정적인 상태를 벗어났다. 그 결과는 호주 대화재, 히말라야 해빙 같은 기후위기와 인도네시아 석탄 광산 사례처럼 생물권 파괴로 나타나고 있다.

> 지구 시스템에 대한 통찰을 제공했을 뿐 아니라 인류의 미래를 위한 길을 찾으려 노력했다.

『사이언스』에 실린 추도사 중 한 구절이다. 그가 남긴 업적을 적확하게 표현한다. 지구시스템과학자로서 그는 인류세, 거대한 가속, 지구 위험 한계선4 등 과학의 언어로 인류에게 메시지를 남겼다. 그는 떠났지만, 인류세적 풍경은 계속 보인다. 눈부신 문명의 발전과 그에 밀려난 비인간 존재의 멸종은 대비적 구도의 추상화로 그려진다. 역대 최악의 재해 소식이 계속 들려온다. 인간이 퍼부은 화석 연료라는 스테로이드는 이제 되먹임5 효과로 인해 마치 인간 손을 떠난 것처럼 지구에 자체적으로 인류세적 풍경을 그리고 있다.

캔버라에서 윌 스테판과 제작진(왼쪽에서 첫 번째 최평순, 두 번째 윌 스테판). 지구의 위기를 누구보다 걱정하고 인류세 담론의 확산에 앞장선 윌 스테판은 2023년, 췌장암으로 별세했다. 향년 75세

1 https://www.researchgate.net/publication/353516712_Probability_of_glacial_lake_outburst_flooding_in_the_Himalaya.

2 http://www.igbp.net/download/18.950c2fa1495db7081ebc7/1421334707878/IGBPGreatAccelerationdatacollection.xlsx.

3 http://www.igbp.net/download/18.1b8ae20512db692f2a680007761/1376383137895/IGBP_ExecSummary_eng.pdf.

4 인류의 생존을 위해 필요한 지구 시스템의 한계선을 수치로 평가하는 지표로서 기후위기, 생물다양성 상실, 삼림 파괴 등이 있다.

5 시스템의 한 과정의 결과가 다음 과정을 증가시키거나 감소시키는 등 변화에 영향을 주는 것. 예를 들어 호주 대화재로 이산화탄소가 발생하고 온실가스가 배출되면 지구온난화가 더욱 가속화되는 악순환이 일어난다.

인간과 동물, 하나의 세계에서 두 개의 세계로

남종영

기후변화와동물연구소장. 2001년부터
2023년까지 한겨레신문에서 기자를
했다. 영국 브리스틀대학교에서 인간-
동물 관계를 공부했고 인간의 동물
통치 체제, 비인간 인격체에 관심이
많다. 북극, 적도, 남극을 종단한 기록
『북극곰은 걷고 싶다』와 돌고래 쇼를
하다가 바다로 돌아간 제돌이의 이야기
『잘 있어, 생선은 고마웠어』 등을 썼다.

코로나19 바이러스가 인류를 휩쓸었다. 다행히 기대했던 것보다 빨리 백신이 개발·보급되면서, 우리는 3년 여의 부침을 거듭하면서 위기를 헤쳐 나올 수 있었다. 앞으로 인류는 코로나19 팬데믹을 아무런 일도 아니었던 것처럼 회상할 수 있을까? 우리는 생태적 지혜를 얻을 수 있을까?

한 가지 사실을 새삼스레 확인하긴 했다. 인류가 야생 동물 서식지를 침범함으로써, 인수공통감염 바이러스가 창궐할 환경이 주어졌고, 인류가 그 벌을 달게 받았다는 것이다. 코로나바이러스가 박쥐에서 기원했는지, 천산갑이 중간 숙주인지에 대한 연구도 진행 중이다. 이 연구는 숨겨진 네트워크의 빈칸을 채워 줌으로써, '우리는 야생 동물과 연결되어 있다'는 생태적 격언을 재확인하게 해 줄 것이다.

그런데도 무언가 빠진 것만 같은 께름칙한 기분이 든다. 비가시화된 연결망이 야생 동물뿐일까? 우리 앞에 뻔뻔히 벌어진 두 개의 사건을 우리가 놓친 것은 아닐까?

뻔뻔히 벌어진 두 사건

첫 번째 사건은 유럽에서 벌어진 밍크 살처분 사태다.

코로나 팬데믹 초기부터 예고된 일이었다. 중국의 하얼빈수의학연구소는 팬데믹 직후 우리 주변에 흔한 동물들을 대상으로 바이러스 감수성 실험을 했다. 고용량의 바이러스를 주입해 동물의 몸속에서 바이러스가 증식하는지 그리고 임상적 반응을 나타내는지 보았다. 개, 돼지, 닭, 오리에서는 별다른 반응이 없었지만, 고양이에게는 가벼운 증상이 나타났다. 연구 결과가 『사이언스』에 2020년 4월 발표되자, 대다수 언론은 코로나바이러스가 반려동물에게 감염력 자체가 약하다며 안심해도 된다는 보도를 했다.[1]

그런데 한 가지 놓친 점이 있었다. 실험실에 함께 들어갔던 족제빗과의 일종인 '페럿'에서는 인간에 버금가는 높은 바이러스 감수성이 확인된 것이다(페럿은 코로나 변이 바이러스의 일종인 사스-코로나 바이러스에도 높은 감수성을 나타낸 바 있어서, 연구팀이 실험 대상에 올린 것이다). 다행히 페럿은 우리 주변에 흔치 않다. 반려동물로 기르는 사람도 극소수다. 그렇다면 페럿과 비슷한 동물, 즉 다른 족제빗과 동물이라면? 그 동물이 인간과 밀접 접촉하고 있다면 동물도 인간도 위험하지 않을까?

불길한 예감을 확인하는 데는 오래 걸리지 않았다. 2020년 4월 말 네덜란드를 필두로 스페인, 덴마크 등 유럽의 밍크 농장에서 코로나바이러스에 감염된 밍크가 하나둘 나타났기 때문이다. 밍크 또한 족제빗과 동물이며, 모피 공급용으로 유럽 10여 개국과 중국에서 대량 사육되고 있었다.

바이러스는 이미 유럽을 휩쓸고 있던 상태였다. 밍크 농장 노동자의 몸에서 수그리고 있던 바이러스는 밍크에게 잠입했고 이어 밀집 사육되는 밍크 농장 전체를 숙주화했다. 밍크에서 확산한 바이러스는 다시 사람에게 옮겨갔다. 밍크 농장은 전형적인 '바이러스의 저수지'가 되었다. 그해 6월 네덜란드 정부가 처음으로 밍크 10만 마리의 살처분을 명령하는 등 각국 정부는 밍크 농장의 밍크를 제거했다.[2]

그러나 그것으로 끝이 아니었다. 그해 11월 덴마크

국립혈청연구소는 밍크 농장에서 발생한 것으로 보이는 코로나19 변이인 '클러스터 5'를 공개했다.[3] 전 세계 310명의 사람과 덴마크 및 네덜란드 등의 밍크 39마리에서 공통적으로 발견됐다. '박쥐→사람→밍크→사람'으로 이어지는 연결망 중 밍크 농장에서 변이가 일어난 것이다. 공장식 농장은 비좁고 밀폐된 공간 때문에 동물의 삶의 질 측면에서 지옥과 같지만, 바이러스에게는 드넓은 진화의 우주가 펼쳐지는 공간이다. 숙주가 밀집하여 생활하고 비말과 체액에 노출되기 쉽기 때문에, 바이러스의 증식이 활발하게 일어남으로써 바이러스는 진화한다.

두 번째 사건은 미국에서 일어난 육류 대란이다. 2020년 상반기 미국 슈퍼마켓에서 고깃값이 폭등하며 육류 품귀 현상이 일어난 사건이다.[4]

원인은 코로나19 팬데믹에 있었다. 미국에서는 바이러스가 나날이 확산하자 사회적 거리두기를 최대로 하는 '봉쇄(lockdown)' 조처가 내려졌다. 미국에서 '고기 공장(meat factory)'이라고 불리는 대규모 도축장도 예외는 아니었다. 코로나19 사태로 부분적으로 운영할 수밖에 없는 상황이었는데, 설상가상으로 도축장 노동자를 중심으로 바이러스가 퍼졌다. 결국 도축장이 대부분 폐쇄되면서 소, 돼지, 닭이 농장에서 출하되지 못하고 적체되는 상황으로 이어졌다. 농장주들은 발을 굴렀다. 좀 기다리면 되지 않느냐고? 아니다. 별일 아닌 듯 보이지만, 사실 그렇지 않다.

돼지를 예로 들어 보자. 공장식 축산 시스템에서 돼지는 종돈장에서 태어난 뒤 3주째에 젖을 떼고 어미와 떨어져, 다른 곳에 있는 비육 농장으로 옮겨진다. 비육 농장에서 살을 찌운 뒤,

6개월째에는 도축장으로 보내진다(우리가 먹는 돼지는 미성숙한 돼지다. 자연 상태라면 돼지는 10~15년을 살아야 한다). 이때 돼지는 종돈장에서 비육 농장으로, 그리고 도축장으로 '컨베이어 벨트를 타듯' 멈추지 않고 움직여 줘야 한다. 하지만 코로나 팬데믹으로 도축장에서 물량을 처리하지 못하니, 돼지들이 후방에서 적체되기 시작했다.

그럼 어떤 일이 벌어질까? 농장주 입장에서는 돼지를 팔지도 못하는데, 사룟값과 분뇨 처리 비용을 써야 하는 상황이다. 게다가 돼지를 농장에서 몇 달 늦게 출하하면, 6개월령으로 최적화된 '고기 맛'이라는 품질도 보장할 수 없다. 농장주는 결국 돼지를 개인적으로 살처분하는 게 경제적이라는 결론에 이른다. 농장을 비우고 코로나 팬데믹이 끝난 뒤 동물을 다시 입식하는 게 낫다는 것이다. 미국에서는 그런 이유로 돼지와 닭이 안락사됐다.[5] 최종적으로 얼마나 많은 동물이 '고기조차 되지 못하고' 희생됐는지 정확한 통계를 찾을 수는 없지만, 2020년 봄 미국돈육생산자협회(NPCC)는 그해 9월까지 살처분해야 할 돼지가 약 1천만 마리가 될 것이라는 추정치를 내놓은 바 있다.

인간-동물 관계의 네 가지 전환점

두 사건은 인류세의 병리적인 풍경을 보여 준다. 하나는 현대 공장식 축산의 기본이 된 밀집형 사육 시설이 인수공통감염 바이러스와 결합했을 때 파괴력이 크다는 점이고, 또 하나는 공장식 축산의 생산 연쇄가 매우 허약한 토대 위에 있다는 점이다.

20만 년 전 호모 사피엔스가 출현한 이후 동물과 인간의 관계는 여러 양상을 띠며 변화해 왔다. 크게는 하나의 세계에서 또 다른 하나의 세계로 이행하는 과정이었다고 볼 수 있다.

이행 전의 세계는 인간이 동물과 동등한 위치에서 사냥하고 경쟁하던 시대였다. 이때 인간은 자신을 동물보다 우월하다거나 자연에서 분리된 종이라고 생각지 않았다. 그저 다른 종처럼 생존해야 하는 존재였다. 그들은 '인간도 동물'이라는 점을 자연스럽게 받아들였다. 인간은 동물이 공격할 때 살아남아야 했으며, 눈치채지 못하게 동물을 사냥해 죽여야 했다. 그렇기 때문에 인간과 동물은 개체 대 개체의 관계였다.

이행 후의 세계는 인간과 자연이 분리된 세계다. 인간이 숲에서 빠져나와 가축을 길들이고 농사를 시작하면서 이런 생각이 싹텄을 것이다. 인간은 문화(문명)의 세계에 살고, 자연(야생)은 인간과 떨어진 것이거나 개척해야 할 대상이 된다. 인간은 동물(가축)을 지배하면서 동물을 타자화한다. 동물은 관리해야 할 대상이 되고, 집단적 '종'으로 지칭된다. 신석기혁명 이후, 문명이 발전하는 1만여 년 동안 이러한 경향은 지속되었고, 특히 공장식 축산이 시작되면서 인간과 동물의 분리는 극명해진다. 인간과 동물의 관계를 요약하자면, '하나의 세계(자연)'에서 '두 개의 세계(인간/자연)'로 이행하는 과정이었다고 볼 수 있다.

인류세와 관련해서 인간-동물 관계를 사유하는 것도 의미가 있다. 인류세가 언제 시작했느냐를 두고서 여러 의견이 제시됐는데, 크게 네 가지로 정리하면 1) 신석기혁명 이후 2) 16~17세기 유럽인의 아메리카 침략 이후 3) 18~19세기의 산업혁명 4) 1950년대 이후 대가속기(Great Acceleration)이다.[6]

첫 번째 주장은 농경이 시작되면서 인간과 자연의 관계가 근본적으로 변했으며, 약 8,000년 전부터 이산화탄소 농도가 비정상적으로 증가했음을 근거로 한다. 두 번째 주장은 인간의 지구적 이동으로 생물상도 '인위적으로' 변했으며, 아메리카 대륙의 원주민 학살과 유럽의 페스트 유행으로 인구가 감소하면서 이산화탄소 농도가 줄어들었음을 근거로 한다. 세 번째 주장은 화석 연료를 사용하면서 19세기부터 이산화탄소 농도가 증가하기 시작했다는 데 의미를 둔다. 네 번째 주장은 인구의 폭발과 함께 인공 방사성 물질, 폴리염화바이페닐 등 인간이 창조한 물질이 등장한 데 주목한다.

인간과 동물의 관계에서도 이 네 가지 전환점은 혁명적인 변화를 야기했다. 신석기혁명 이후 인간은 동물을 길들이기 시작했다. 하지만 가축이 된 종은 극소수(20~30종)에 불과해서 지구 생태계를 크게 변화시키지는 않았다. 그보다는 수십만 년을 이어 온 자연에 대한 인식론에 변화가 시작되었다는 의미가 크다. 인간은 스스로를 '여러 동물 가운데 하나'로 생각했던 단일한 세계를 빠져나와, 멀찌감치 떨어져 자연을 바라보면서 자연과 분리된 지배자로 나섰다.

유럽인의 아메리카 대륙 침략도 동물과 생태계에는 거대한 격변이었다. '콜럼버스의 교환'이라고 불리는, 대양을 넘나든 생물종의 대이동으로 지구 생태계가 재조직된 것이다. 매독 같은 병원균, 복숭아, 배, 돼지, 말이 유럽에서 아메리카로 넘어갔다. 아메리카에서 유럽으로 칠면조, 옥수수, 토마토 등이 이동했다.

산업혁명 직후에는 말과 나귀 등 동물을 이용한 운송

산업이 꽃을 피웠다. 내연 기관이 보편화되기 전까지 '동물 노동자'는 증기 기관과 함께 자본주의를 굴리는 바퀴로 일했다. 동물이 없으면 자본은 순환하지 않았다. 20세기 초 미국 도시에서 사람을 실어 나르던 말과 당나귀는 3,500마리에 이르렀다. 인구가 10만 명 이상 되는 도시에는 평균 15명당 말 한 마리가 있었다.7 현재의 자동차 보유 대수와 비교해 보면, 중국이 7명당 자동차 한 대, 인도가 29명당 자동차 한 대가 있는 걸 볼 때, 얼마나 많은 말이 사육되고 노동에 동원됐는지 알 수 있다.8 산업혁명 직후는 동물이 처음으로 단일한 목적으로 대량 이용되던 시대였다.

제2차 세계 대전 이후 대가속기에는 공장식 축산이 완성·확산되었다. 상품의 대량 생산과 소비주의 문화가 득세한 이 시대에는 동물들 또한 소비문화의 와류를 타고 값싼 고기로 전락했다. 공장식 축산의 특성은 기존의 인간-동물 관계와 질적으로 달랐다. 동물은 대량으로 사육되고 대량으로 살육되어 소비됐다. 인간은 좀 더 많이 팔기 위해 새로운 품종과 사육 기술을 개발함으로써 '동물들의 신'으로 나섰다. 소비자에게 동물은 자판기에서 나오는 일회용 상품처럼 취급됐다. 이러한 체제를 이룬 것은 오롯이 '공장식 축산'이라는 생산 과정의 혁신 덕택이었다. 더불어 공장식 축산은 농업 경제 체제 전환의 동력이 되기도 했다.

공장식 축산의 정의는 "규모의 경제 원리에 입각한 제조업의 공장 모델을 '동물 농사'에 적용한 것으로, 상당 규모의 단일종 축군을 비좁은 시설에 감금화하여 표준화된 절차로 사육한 후 대량 수확하는 형태"를 말한다. 하지만 단순히 가축을 사육하는 형태만을 지칭하지 않고 넓게는 "농장의 공장식 양축뿐 아니라 그 전후방에 포진한 축산 관련 농(식품)기업을 모두 포괄하는 생산 체계"로 이해해야 옳다.9 왜냐하면, 공장식 축산 체제는 농장 동물의 사육 공간에서 시작된 게 아니라 전방 산업인 도축 및 육류 가공업에 기원이 있고, 거기서 본대인 밀집형 가축 사육 시설(CAFO: Concentrated Animal Feeding Operation)과 함께 후방 산업인 사료·약품·축종 개발 등에 영향을 미치며 하나의 체제를 만들어 나갔기 때문이다.

19세기 말 건설된 미국 시카고 변두리의 한 도축장에서 바로 공장식 축산의 맹아가 싹트기 시작했다. 헨리 포드가 방문해 '컨베이어 벨트' 시스템의 영감을 받았다는 바로 그 도축장이다. 이 도축장을 자세히 들여다보면, 이후 대가속기의 인류세에서 우리가 동물을 어떻게 바꾸었는지를 알 수 있다. 바로 '유니언 스톡 야드(Union Stock Yards)'다.

백 년 전의 실리콘밸리, 유니언 스톡 야드

이 도축장은 도축장이라기보다는 현대의 거대한 자동차 공장, 조선소를 연상시킨다. 단순한 도살장이 아니었다. 가축을 가져와 대기시킨 뒤, 차례로 도축하여 가공해서 내보내는 대규모 정육 단지였다. 호텔, 식당, 살롱, 사무실이 2,300개 축사와 연결되어 있었고, 겹겹이 세워진 도축장의 굴뚝에서 흘러나온 연기는 거대한 강물을 이루었다. 수만 마리 소가 우우거리는 소리, 수만 마리 돼지가 꿀꿀거리는 소리가 대양을 항해하는 화물선의 엔진 소리처럼 끊이지 않고 이어졌다.

유니언 스톡 야드는 당시 자본주의의 실리콘밸리였다.

시카고의 유니언 스톡 야드(1947). 출처: US Library of Congress

실리콘밸리의 전사들은 미국 각지로 뻗어 나가던 철도 회사들이었다. 시카고에서 정육 산업이 발달하게 된 계기는 철도의 발달에 기인했다. 19세기 중후반, 미국의 소와 돼지 등 가축의 대다수는 미국 서남부에서 키워지고 있었다. 넓은 목초 지대가 펼쳐진 데다 땅값이 쌌으니, 목장주들은 계속 서쪽으로 남쪽으로 나아갔던 것이다. 그러나 소비자들은 미국 동부의 도시들에 몰려 있었다.

이 지리적 간격에 주목한 것은 철도 회사였다. 당시 철도는 미국 동부에서 출발해 대륙의 외진 곳으로 모세혈관처럼 뻗어 가고 있었다. 철도 회사들은 하나둘 시카고 변두리에 정육 공장을 짓고 철도를 연결했다. 이 아이디어로 큰돈을 만질 수 있음을 직감한 뉴욕센트럴철도 등 한 무리의 철도 회사들이 1865년 시카고 남서부 변두리 2.6제곱킬로미터(약 78만 평)를 사들여 대규모 정육 단지를 만든다.

모리스, 스위프트, 아머앤컴퍼니, 내셔널, 슈워츠차일드 등 육류 가공업체들이 입주했고, 주변 160킬로미터에 이르는 거미줄 같은 철도망을 타고 스톡 야드 구석구석으로 가축이 들어왔다. 텍사스와 애리조나 등 각지에서 온 긴뿔소(longhorn)와 돼지, 양이 기차의 화물칸을 메웠다. 가축들이 스톡 야드에 도착해 처음 가는 곳은 가축우리였다. 1.5제곱킬로미터의 땅에 엉성한 울타리로 구획한 2,300개의 우리에서 동물들은 운명의 날을 기다렸다. 가축우리는 75,000마리의 돼지, 21,000마리의 소, 22,000마리의 양을 동시에 수용했다.

거기서 기다리던 소, 돼지, 양은 차례로 좁은 통로로 몰이를 당한 뒤 활강 장치에 끌려 올라가 운명의 문을 통과했다. 유니언 스톡 야드는 이들을 고기로 바꾸었고, 이 고기는 다시 기차를 탔다. 고기의 부산물은 또 다른 산업을 창출했다. 도축장 주변으로 접착제, 세척제, 기름, 수지 등을 만드는 공장들이 생겨났다. 1865년 개장 뒤, 1900년까지 도살당한 가축은 4억 마리였다.[10]

가축들을 기차에 태워 유니언 스톡 야드로 가져온 것이 외부의 혁신이었다면, 내부에서는 혁신보다 더한 혁명이 벌어졌다. 아머앤컴퍼니가 1875년 입주하면서 자동 컨베이어 시스템을 도입했다. 과거에는 전문 도축업자가 소의 머리를 망치로 때리고, 소가 기절하면 방혈시킨 뒤, 무거운 사체를 끌고 가 하나하나 해체하는 식이었다. 도축업자를 중심으로 여러 명이 달라붙어 일했다.

그러나 아머앤컴퍼니의 공장에서는 소의 운반 작업을

기계로 자동화한 뒤, 운반의 흐름을 중심으로 노동을 수십 개로 잘게 쪼갰다. 거꾸로 매달린 소는 정해진 길을 따라 움직였고, 각 작업 구역에서 한 번씩 멈췄다. 각자의 자리에서 기다리던 노동자들은 정해진 업무에 따라 맡은 부분을 해체했다. 조각조각 나누어진 고기는 다시 기차를 탔다. 공장 앞에 대기하고 있던 냉장실이 딸린 화물 기차였다. 기차는 고기가 된 동물을 미국 동부의 도시로 실어 날랐다.

여기서 주목할 점이 있다. 과거의 도축 방식은 도축업자와 동물이 일대일로 대면하는 방식이었다. 도살은 본질적으로 잔인했지만, 역설적으로 이것이 도축업자의 무자비함을 막았다. 가끔은 동물의 순수한 눈망울을 도축업자가 보았고, 운 좋게 도망치는 동물을 그냥 놔두기도 했다. 그러나 컨베이어 시스템에서는 달랐다. 노동자는 지정된 부위만 작업했다. 하나의 생명은 표준화된 생산 단위로 해체됐고, 각 단위를 생산하는 노동자만 남게 되었다. 노동자들은 자기들이 다루는 상품이 한때 시원한 공기를 마시고 어미와 함께 즐거워하고 자유를 갈구하는 생명체임을 상상할 수 없었다. 새로운 공장식 도축 시스템은 동물과 인간 사이에 정동(affect)이 오갈 기회를 차단했다.

노동자의 구성에도 변화를 불러왔다. 과거에 도축업자는 장인이었다. 소의 신체와 본능, 행동, 취향 그리고 고기를 잘 아는 고집 센 사람이었다. 그러나 컨베이어 공장에서 그런 전문 지식이나 직업 정신은 필요 없었다. 자본가는 최저 임금에 뜨내기 노동자를 고용했고, 귀찮은 일이 생기면 해고했다. 자연스럽게 이제 막 신대륙에 도착한 아일랜드계, 독일계, 동유럽계 노동자들이 공장을 채웠다. 1921년 기준으로 4만 명의 노동자가 유니언 스톡 야드에서 일했다.

공장식 축산의 양대 기둥

시카고 유니언 스톡 야드로 공장식 축산이 완성된 건 아니다. 20세기 초반까지만 해도 미국에서 소는 방목되고 있었고, 돼지도 농가에서 농사를 지으며 함께 키우는 처지였다. 현대 축산의 가장 큰 특징인 '경축 분리'가 아직 이뤄지지 않은 것이다. 그것은 밀집형 가축 사육 시설이 나타나면서, 가축 한 종의 사육만으로도 경제성을 달성할 때 비로소 이뤄질 수 있었다.

감금식 밀집 사육은 1930년대 미국 동남부의 양계업에서 시작됐다고 여겨진다. 당시만 해도 육계(고기용 닭)는 산란계(알 낳는 닭)가 죽었을 때 발생하는 부산물이었다. 1930년대 유대계 이민자의 수요를 맞춰 육계 전용 품종(브로일러)이 상업적으로 사육됐고, 실내에 많은 수를 키우면서 동시에 살코기가 많은 품종이 개발됐다.[11]

밀집형 가축 사육 시설에서 사육 방식은 기존과 여러 면에서 달랐다. 첫째, 적은 공간에 최대한 많은 개체 수를 넣음으로써 사육 밀도를 최대한 높였다. 동물들은 콘크리트 벽과 바닥으로 지어진 '공장'으로 들어가 살게 되었다. 닭에게는 알을 낳던 자리가 사라졌고, 돼지에게는 진흙에 구를 수 있는 목욕탕이 없어졌다. 닭이 사는 배터리 케이지는 자꾸 높아지기만 했다. 어떤 것은 6단, 7단에 이르렀다. 다닥다닥 붙어 있는 케이지에서 A4 용지보다 작은 공간에 두세 마리가 들어가 평생을 살았다.

둘째, 생명공학을 이용한 기술과 사육 기법이 적용됐다. 과학자와 농장주들은 가장 적은 비용으로 가장 높은 품질을 만드는 데 주력했다. 동물들이 먹는 사료에는 가장 좋은 품질의 고기와 생산물이 나올 수 있도록 원료를 배합했다. 이를테면 칼슘, 인, 비타민 등 영양소를 사료에 어떻게 배합하느냐가 계란의 품질을 좌우하는 한 요인이었다. 비타민 D의 발견은 실내에서도 24시간 닭을 사용할 수 있도록 해 주었다. 항생제를 첨가함으로써 질병을 예방했다.

이렇게 배합 사료, 동물 약품, 품종 개량 등의 후방 산업군, 그리고 유니언 스톡 야드에서 기원한 육류 가공 등의 전방 산업군이 공장식 축산을 떠받치는 두 기둥이 되었다. 실제 동물을 사육하는 농장은 점점 두 산업군에 포섭되어 갔다. 농장은 고효율 사료를 공급받거나 판로를 보장한다는 조건으로 계약 사육을 했고, 결국 축산 농민은 실질적으로 임노동자가 되는 과정을 밟아 나갔다. 1980년대에 이르면 타이슨푸드, 퍼듀, 카길, IBP 등 2세대 정육 업체들이 브로일러 생산 연쇄의 새로운 통합자로 등장했다.[12] 동시에 이들과 세계적 축산 기업은 개발도상국에 가서 사료를 공급하면서 공장식 축산을 전파했다. 이런 식으로 닭, 돼지, 소는 대량 생산, 대량 소비되는 상품이 되었다.

인류세의 지표 화석, 치킨

2011년 체코 출신의 과학자 바츨라프 스밀은 지구에 사는 동물들의 질량을 합쳐 비교한 적이 있다.[13] 공장식 축산이 지구에 미친 영향을 논할 때 가장 자주 인용되는 연구 결과다. 지구상에 있는 포유류의 총질량을 100퍼센트로 봤을 때, 인간의 질량은 30.5퍼센트이다. 산업혁명 이후 늘어나던 인구가 대가속기 이후 폭발했기 때문이다. 20세기 중반 이후 공장식 축산이 대세가 되어 가면서 가축의 수도 기하급수적으로 늘었다. 신석기혁명 이래로 가축이 된 야생 동물은 불과 20~30종이지만, 지금 가축의 질량을 다 합해 보면 전체 포유류 질량의 66.6퍼센트에 이른다. 반면 야생 포유류의 질량을 다 합쳐 보았자, 2.7퍼센트에 지나지 않는다. 인간과 인간이 생산한 가축이 전체 포유류 질량의 97퍼센트를 넘게 차지하는 셈이다.

38억 년 동안 지구의 생명체는 자연선택이라는 단일 법칙에 따라 진화해 왔다. 지금 이 세기는 인간의 지적 설계론이 우세해졌다. 인간이 지구 생태계를 뒤흔든 데 이어 새로운 진화의 주인이 되었다고 해도 무리가 아니다.

공장식 축산은 '축산 연쇄'의 형태로 존재한다. 닭과 돼지, 소 등 비인간 동물과 밀집형 가축 사육 시설과 배합 사료 등의 사육 장치, 유전학적 지식과 축종 기술 등 지식과 담론 그리고 기업, 농장주, 도축장 노동자까지 다종(multispecies)의 네트워크가 이를 구성한다. 바이러스는 연결망을 타고 다니며 축산 연쇄의 네트워크를 단번에 무너뜨릴 수 있다. 몸을 통한 직접적인 접촉으로 병리학적인 감염을 유발하기도 하고(유럽의 밍크 농장 사태), 경직된 연결망으로 묶인 공장식 축산 시스템을 무력화시킬 수도 있다(미국의 육류 대란). 인류세가 20세기 중반 대가속기에 시작됐다고 본다면, 공장식 축산이야말로 인류세의 가장 큰 특징 중 하나일 것이다.

따라서 인류세의 지표 화석으로 '치킨'이 거론되는 것은 센세이셔널리즘의 산물만은 아니다. 영국의 지질학자 캐리스 베넷 등 연구 팀은 2018년 치킨이 인류세의 대표적인 지표 화석으로 충분하다고 주장했다.[14]

지금 지구에서 고기용 닭은 226억 마리가 살고 있다. 지구의 모든 새를 합친 것보다 많다. 한 해 동안 현 개체 수의 세 배인 658억 마리가 도계된다. 고기로 쓰이기 위해 가축화된 닭은 형태적·유전적으로 다른 길을 갔다. 가슴이 커지고 다리는 굵어졌다. 닭의 조상인 적색야계에 비해 다리뼈의 길이는 2배, 넓이는 8배로 커졌다. 몸무게는 공장식 축산 초기인 1957년보다 4~5배 늘었다. 비정상적으로 비대해진 몸을 과거의 뼈가 떠받치기는 힘들었다. 닭의 뼈는 농장 안에서 미세한 구멍이 많은 형태로 진화했다. 캐리스 베넷은 닭 뼈가 전 세계에서 대량으로 배출되는 데다, 쓰레기 매립장 퇴적층에 산소가 없어 화석이 되기 유리한 조건을 갖췄다고 말한다.

수십만 년이 지난 미래의 어느 날, 외계인들이 지구를 찾아온다. 지구에서 인간은 멸종했고 얼마 남지 않은 숲과 황량한 사막이 이어진다. 그중 일군의 외계인 과학자들이 한 지층대를 발견하고 지질 조사를 벌인다.

"이게, 뭐지?"
"작은 뼈다귀 같은 것이 퇴적돼 있군요."

가까이 다가가 보니, 특정 연대의 지층에서 유난히 많이 보인다.

“조류의 뼈로 보이는데요?”

“다른 지역에서도 이 뼈가 자주 무더기로 발견된다고 합니다. 그 당시 이 행성에 아주 많은 수가 살았던 것 같습니다.”

1 남종영, 「고양이가 코로나19 숙주? '실험적 감염'은 증거 아냐」, 『한겨레』, 2020.4.20. https://www.hani.co.kr/arti/animalpeople/companion_animal/941151.html.

2 남종영, 「'밍크들의 재앙'으로 번진 코로나19」, 『한겨레』, 2020.6.8. https://www.hani.co.kr/arti/animalpeople/farm_animal/948390.html.

3 윤신영, 「논란의 밍크 유래 추정 코로나 변이 살펴보니 '관찰 필요하지만 과대해석 금물'」, 『동아사이언스』. 2020.11.10. https://www.dongascience.com/news.php?idx=41378.

4 남종영, 「코로나19 안 걸렸는데, 왜 돼지들이 살처분 됩니까?」, 『한겨레』, 2020.5.20. https://www.hani.co.kr/arti/animalpeople/farm_animal/945700.html.

5 소는 농가당 사육 마리 수가 비교적 적은 데다 방목하는 경우도 많아 공간의 압력을 덜 받는다. 또한 출하 월령과 품질과의 상관 관계도 돼지나 닭에 비해 크지 않다.

6 김지성 외, 「인류세(Anthropocene)의 시점과 의미」, 『지질학회지』 52(2), 2016, 163~171쪽.

7 브라이언 페이건, 『위대한 공존』, 김정은 옮김, 반니, 2015.

8 손해용, 「인구 대비 車 가장 많은 나라는 미국, 2위는 뜻밖에…」, 『중앙일보』, 2017.11.20. https://www.joongang.co.kr/article/22130186#home.

9 송인주, 「2018 한국 산업축산의 발전과정—구조적 생태문제의 세계사적 연원」, 『환경사회학연구 ECO』 22(2), 227쪽.

10 찰스 페터슨, 『동물홀로코스트: 동물과 약자를 다루는 '나치'식 방식에 대하여』, 정의길 옮김, 한겨레출판사, 2014.

11 송인주, _____, 226~266쪽.

12 송인주, _____, 226~266쪽.

13 Vaclav Smil, "Harvesting the biosphere: The human impact" *Population and development review* 37(4), 2011, pp. 613~636.

14 C. E. Bennett et al., "The broiler chicken as a signal of a human reconfigured biosphere", *Royal Society open science* 5(12), 2018, p. 180325.

탐구

인간-비인간 그물망에 빠지다

태곳적 자연은 없다. 순수하게 인간적인 것도 없다. 자연이 없으면 인간은 아무것도 만들지 못한다.

인류세 연구는 인간과 비인간이 서로 침투하고 변질하고 경계면이 모호해진 영역에 초점을 맞추고 비인간의 영향력, 인간과 상호 작용의 동학을 체감하는 데서 시작한다. '탐구'에서는 인류세를 헤쳐 나가기 위해 인간과 비인간의 관계망을 응시한 사유와 경험을 풀어놓았다.

코로나19 대유행을 겪고 우리는 바이러스와 박테리아 같은 미생물 그리고 진드기 같은 미세 곤충이 인간의 가시권 밖에서 인간과 네트워크를 이루고 상호 작용을 했다는 걸 깨달았다. 김동주는 지구의 역사, 인류의 진화와 마찬가지로 현상을 분석할 때에도 다종 관계에 대한 인식이 필요하다고 주장한다. 인수공통감염병 시대에 쥐와 박쥐 그리고 진드기에 대한 관심은 더 중요해질 것이다.

성한아는 전국에서 '가장 백로가 많은' 인구 150만의 대도시 대전의 역사와 현재를 추적하면서, 인간과 백로가 과거부터 따로 있었던 게 아니라 얽혀 존재하여 왔음을 드러낸다. 시민의 여가 공간 창출을 위한 하천 복원 사업조차 의도치 않게 백로에게 혜택을 주었다.

식물은 너무 조용해 우리가 쉽게 지나치는 비인간 행위자였다. 하지만 식물은 광합성을 통해 태양 에너지를 다른 생물들이 쓸 수 있는 에너지로 바꾼다. 뿌리를 뻗어 미생물을 키우고 다시 탄소를 저장한다. 최근에는 다양한 기후와 토양, 경작 방식에서 빨리 자라는 스위치그래스 같은 식물이 기후위기를 헤쳐 나가는 데 중요한 행위자로 주목받고 있다. 민경진은 이렇게 조용하지만 강력한 지구의 수호자인 식물을 보여 준다.

생명이 없는 비인간도 인간에게 영향을 미치고 인간과 상호 작용한다. 미세먼지를 중심으로 하는 연결망에서 대중의 행동, 기업의 이윤 추구, 과학자의 연구, 국가의 정책 결정의 연결망을 따라가며, 미세먼지의 풍경을 각자도생과 호흡 공동체의 공기 주머니로 파악한 김성은, 김희원, 전치형의 글은 새로운 관점을 제시한다.

우리가 동식물과 맺는 다종 관계: 박쥐, 진드기, 바이러스와 함께 살아가기

김동주

카이스트 인류세연구센터
핵심연구원이며, 카이스트
디지털인문사회과학부에서
인류학을 담당하고 있다. 서울대학교
인류학과에서 석사를 마친 후 폴란드
포즈난대학교에서 객원연구원으로
현지 연구를 수행하였고, 폴란드
사탕무 농산업의 사유화와 농촌
구조 조정 과정에 대한 연구로 미국
미시간대학교(앤아버)에서 역사인류학
박사학위를 취득하였다. 유럽연합
환경 정책과 19세기 동유럽 농업의
산업화 연구를 위해 독일 베를린과
프랑크푸르트에서 문서고 연구와
현지 연구를 수행하였으며, 최근에는
유럽연합의 기후변화 인식에 대한 연구,
그리고 세기말의 문서화와 문서 유통의
기호학에 대한 연구를 진행하고 있다.

인류세(Anthropocene) 개념이 새로운 지질시대로 제안되면서 그 개념의 함의가 여러 분야에서 성찰되고 있다. 예전에는 인류의 역사와 인간을 제외한 지구의 역사를 근본적으로 다른 접근으로 다루었다면, 이제는 인간의 활동을 다시 환경과 자연의 역사의 맥락 안에 넣어 파악하려는 노력이 이루어지고 있다. 많은 학문 분야에서 흔히 상정했던 '태곳적 자연'이라는 실체는 이미 사라진 것이었음을 실감하고, 그에 기반한 자연과 비(非)자연의 구분, 자연이나 환경과 구분되는 인간의 영역과 활동을 경제라는 영역으로 분리하고야 마는 경향을 바로잡는 계기가 마련된 것이다.

그렇다고 인간과 사회에 대한 분석이 다시 자연과학과 가까워지거나 그 영역으로 환원된다는 의미는 아니다. 자연의 법칙을 필요에 따라 인간의 사회에 적용할 수 있다는 의미는 더더욱 아니다. 자본주의 체제나 사회 일반, 국제 관계에서 경쟁의 역할과 중요성을 과장하기 위해서 다윈의 자연선택 개념을 오독한 '적자생존'의 논리나, 학습으로 습득한 형질로 이룩한 모든 결과와 현상을 유전자로 환원시키는 '확장된 표현형' 개념처럼, 직관적으로는 유용하나 구체적인 사회 현상에 대해서는 아무런 설명력이 없는 그럴듯한 개념들도 인류세의 시각으로 재검토되어야 한다. 연역적인 거대 모델에 대한 재검토가 아니라, 사회와 자연의 접촉면에 대한 경험적인 자료를 가지고 새로운 언어를 만들어 내는 것이 인류세 시각의 시사점이자 기여가 될 것이다.

이제 1년이 되어 가는 코로나19 팬데믹을 위에서 언급한 투박한 개념들로 이해하는 방법도 있겠지만, 이런 방식으로는 팬데믹을 겪으면서 발생하는 사회와 문화의 변화, 사회 집단에 미치는 영향, 그리고 개개인이 경험하게 되는 어려움을 서술하고 분석하는 것에 한계가 있다. 당장 코로나바이러스의 발생과 기원도 인간의 산업화와 개발이 집중적으로 이루어진 현대사와 분리하여 인식할 수 없다. 그 기원이 박쥐로 알려진 상황에서, 최근 50년 동안 인간과 박쥐의 관계가 어떻게 변화했고 개발과 벌채를 통해서 박쥐의 서식 지역이 어떻게 변화하였는지, 그리고 가축의 집단 사육이 분포하는 지역들과는 어떻게 접하는지 살펴보고 감안하는 것이 필수적이기 때문이다.

이렇듯 바이러스나 감염병을 인류세라는 틀에서, 지구의 역사와 인류의 진화라는 맥락에서 바라볼 때 유용한 것이 이종(異種) 관계 혹은 다종(多種, multispecies) 관계라는 개념이다. 이 용어는 표준적인 정의나 규정이 있는 통일된 개념이라기보다는 현시대의 지구가 처한 상태를 제대로 보기 위한 시각이며 방법론적 접근이라고 하는 것이 더 옳을 것 같다. 전통적으로 인간과 다른 동식물의 관계를 가축화라는 맥락에서 고찰했던 인류학을 비롯하여, 비인간-행위소(non-human actant)의 수행성에 관심을 가지는 사회학과 과학기술학 분야에서도 다종 관계에 입각한 접근과 분석이 활발하게 이루어지고 있다.

다종 관계로 본 인간과 박쥐, 그리고 코로나바이러스

코로나19는 코로나바이러스 아과(subfamily) 중에서 박쥐에서 기원하는 베타코로나바이러스속으로 분류되는데, 같은 속(genus)으로 분류되는 사스나 메르스와는 달리 중간 숙주가 어떤 동물인지는 아직 명확하지 않다. 바이러스도 다른 동식물처럼 형태적 특성으로 분류하기는 하지만, 교배와 생식을 위주로 규정된 생물학적 종의 개념이 적용되기 어렵기 때문에 생물학적으로 바이러스라는 존재를 어떻게 범주화할 것인가에 대한 명확한 합의는 없다. 그러나 숙주에 기생하면서 끊임없이 전파되고 형태가 진화한다는 점에서는 가장 큰 범주인 계(kingdom)를 적용하고 있다.

이와 같은 분류에 필요한 바이러스 형태학에 큰 기여를 한 사람은 1966년에 전자현미경을 이용하여 코로나바이러스를 처음 확인한 준 알메이다(June Almeida)라는 바이러스학자였다.[1] 그 후로 50여 년이 지났음에도 불구하고 감염병으로 유행한 최근에서야 코로나바이러스 연구사가 다시 재조명되고 있지만, 방역이 우선인 상황에서 감염병의 역사가 집중적으로 재조명을 받는 반면 바이러스학의 역사에 대한 차분한 성찰이 폭넓게 이루어지지 않는 것은 의학사와 과학사의 측면에서 상당히 아쉽다. 바이러스는 박테리아와 함께 인간이 동식물과 맺는 관계 안에서 공존하면서 꾸준히 함께 진화한 경력을 가진 행위소이기 때문이다.

바이러스의 형태와 속성에 대한 연구는 치료와 감염 방지를 위해서도 필요하지만, 더 큰 다종 관계의 맥락에서는 인수공통감염병이라고 불리는 질병들이 새롭게 발생하는 원리를 추적하기 위해서도 필수적으로 이루어져야 한다. 이를 통해서 서로 다른 종들의 네트워크가 만들어지는 과정과 그 안에서 관계가 맺어지는 방식을 알 수 있다.

인간이 다른 동물을 가축화하는 과정에서 일찍이 발생하여 우리에게 익숙해진 인수공통감염병으로는 광견병을 들 수 있다. 사람에게 급성 뇌 질환을 일으키는 이 병은 박쥐 기원의 바이러스가 원인이며 개나 고양이를 매개로 감염된다. 반려동물을 기르는 사람들이 광견병 예방접종을 매년 잊지 말아야 하는 이유는 높은 치사율 때문이다. 인류는 이처럼 일상적으로 상호 작용하는 다른 종들과의 관계를 통해 생계를 유지하기도 하고, 영양을 섭취하기도 하며, 정서적인 안정을 얻기도 한다. 그러한 동식물과의 상호 작용 과정에는 언제나 박테리아나 바이러스가 함께 존재하고 작용했으며, 여전히 함께 진화하고 있다. 이처럼 서로 다른 종들이 관계를 맺는 방식에 초점을 두는 것이 이종 혹은 다종 관계의 시각이다.[2]

재러드 다이아몬드가 스테디셀러 『총 균 쇠』에서 일찍이 논했듯이, 신대륙 이주 이전의 구대륙 인구 집단들은 농업과 도시화를 통해 병원균과 공존하면서 면역 시스템을 진화시켜 왔다. 현대인들도 이 과정을 이어받아 지속하고 있다. 최근에 두드러진 경향이 있다면, 쥐보다는 박쥐 기원의 바이러스가 새로운 감염병의 원인이 된다는 점이다. 전 세계적으로 바이러스가 가진 다양성은 포유류의 종다양성을 그대로 반영하고 있는데, 그중에서도 설치(쥐)목과 박쥐목에서 보이는 월등하게 높은 종다양성이 바이러스들에도 거의 그대로 나타나는 경향이 관찰된다.

불행히도 현재의 생물학계가 가진 지식으로는 박쥐목 기원 바이러스의 명확한 감염 원리와 매개 동물에 대한 규명이 아직은 불가능하다.[3] 1885년에 광견병 접종이 개발되었으나, 광견병 바이러스의 박쥐 감염이 관찰된 것은 거의 50년이 지난 후였다. 1931년에 트리니다드 세균학자 파완(Pawan)이 광견병 바이러스의 박쥐 감염을 처음 확인하여 증명한 후 박쥐 기원의 바이러스가 큰 주목을 받은 것은 사스 코로나바이러스가 발견된 2002년 이후에 불과하기 때문이다.

박쥐 기원 바이러스가 이처럼 오랫동안 인간에게 영향을 주었지만, 최근에 박쥐 기원의 새로운 바이러스성 인수공통감염병이 주기적으로 새롭게 퍼지는 이유에 대해서도 분명하게 밝혀지지는 않았다. 다만, 개발로 인한 농경지 축소와 삼림 개간으로 박쥐의 서식지가 가축의 축사나 인간의 주거 환경과 가까워지고, 가축이나 반려동물이 박쥐와 상호 작용을 하는 빈도가 높아지기 때문이라는 가설이 지지를 얻고 있다.

특히 박쥐 기원 바이러스의 31퍼센트를 차지하는 코로나바이러스는 소나 돼지, 개와 고양이가 걸리는 여러 병의 원인으로 지목되어 왔기 때문에, 이 삼각관계 안에서 코로나바이러스가 인간에게까지 전달되었다고 보는 가설이 가장 유력하다.[4] 같은 맥락에서 1994년부터 2014년 사이에 오스트레일리아 북동 해안에서 말과 인간이 박쥐 기원의 헨드라(Hendra) 바이러스에 감염되었던 사례들을 삼림 파괴로 인한 '스필오버(spillover)' 현상으로 분석하면서 경고한 학자들도 있었다.[5]

동물의 집단 사육이 이루어지는 곳에서는 감염이 빠른 속도로 확산되기 때문에 변종 발생과 같은 보다 심각한 문제가 생긴다. 코로나19 팬데믹이 한창이던 2020년 5월에는 네덜란드,

7월에는 스페인, 그리고 11월에는 덴마크의 밍크 농장에서 밍크와 노동자가 동시에 코로나19의 새로운 변종으로 알려진 '클러스터 5'에 감염된 사례들이 있었다. 특히 네덜란드와 덴마크의 사례는 코로나바이러스가 노동자들로부터 동물들에게 감염된 것으로 추정되어 변종 발생의 가능성에 대한 우려가 증가하였고, 각국의 보건 당국은 급박하게 살처분 행정 명령을 내렸다. 네덜란드에서는 동물권 운동가들이 행정 처분 취소 소송을 제기하여 잠시 연기되는 듯했으나, 그 당시의 상황에서 큰 반향을 얻지는 못하였다. 결국 네덜란드에서는 그해 6월부터 12월까지 밍크 100만 개체를, 스페인에서는 밍크 93,000여 개체를 살처분하였다. 같은 해 11월에는 유럽에서 밍크를 가장 많이 생산하는 덴마크에서 1,700만 개체에 달하는 밍크 모두를 일산화탄소로 질식시켜 살처분하였으나, 법에 근거하지 않은 살처분 행정 명령 때문에 농식품부 장관이 사임하는 등 이른바 '밍크 게이트'로 논란이 지속되었다.6 밍크와 같은 족제비속 동물인 페럿이 호흡기 바이러스 연구와 백신 개발의 실험동물로 널리 이용되어 왔음을 생각하면 이런 일이 새삼스럽게 놀랍지는 않다. 그러나 사람의 욕구 충족과 이윤 추구를 위해 대량으로 집단 사육되었던 밍크들이 맞이하게 된 최후는 참으로 가혹하게 다가오며, 살처분을 실행하며 목격해야 하는 사람들의 트라우마도 절대로 간과할 수 없는 심각한 피해이다. 동물을 대량으로 키우면서 예상하지 못했던 이런 결과들은 다종 관계에서 인류가 책임져야 하는 부분이 있음을 우리에게 선명하게 상기시킨다.

다종 관계와 기후변화, 그리고 진드기 매개 질병의 증가

삼림 파괴 및 가축의 대량 사육과 더불어 최근 증가한 신종 감염병의 원인으로 지목되는 것이 기후변화이다. 우리나라에서도 증가하고 있는 진드기 매개 전염병은 바이러스 또는 박테리아가 원인으로, 들쥐나 사슴으로부터 전염된다. 박쥐 기원 바이러스가 삼림 파괴로 인해 박쥐 집단들이 받는 먹이 부족 압력과 그로 인한 이주로 설명할 수 있다면, 들쥐 기원 바이러스와 박테리아는 지역별로 서식하는 들쥐(혹은 사슴)의 종류와 진드기 종류, 그리고 진드기 분포의 확대로 설명할 수 있다. 실제로 북미와 유럽의 감염병 관리 기관들이 발행한 자료를 보면 최근 20년 사이에 진드기의 개체 수와 발병 건수가 꾸준히 증가하는 경향이 관찰된다.

진드기의 분포는 기온, 강수, 습도 등의 기후 요인과 연관이 있다는 연구가 꾸준히 이루어지고 있으며, 기후변화의 결과로 진드기 분포뿐만 아니라 모기와 등에모기 등 다른 매개(벡터)의 분포도 확대되고 있다는 보고가 끊이지 않고 있다.[7] 진드기는 바이러스와 박테리아를 모두 옮기는데, 바이러스로 전염되는 질병으로는 유럽에서 진드기매개뇌염(TBE)이, 동아시아에서는 2009년 이후로 중증열성혈소판감소증후군(SFTS)이 나타났다. 진드기가 박테리아를 옮겨 감염되는 질병으로는 북아메리카와 유럽에서 라임병, 동아시아에서는 쯔쯔가무시병(털진드기 유충 매개)이 있고, 발견되는 지역이 확대되고 있다. 특히 북아메리카에서는 2016년에 라임병의 원인이 되는 박테리아가 기존과 다른 종류로 새로이 발견되기도 하였고, 캐나다 지역에서는 중부 지역에 국한되었던 진드기의 분포가 동서 해안에 이를 정도로 확대되었다.

중부 유럽과 동유럽 지역에서도 진드기의 개체 수가 해마다 증가하여, 농촌 지역에서 반려동물이 숲이나 풀 속을 다니다 집으로 돌아오면 진드기를 떼는 것이 중요한 일과가 되었다고 한다. 예전에는 버섯을 따러 깊은 숲에 들어가야 있었던 진드기가 인가 인근의 풀밭에서도 흔히 발견되어, 텃밭에서도 진드기에 물릴 수 있다는 것이다. 현지 연구를 하던 폴란드 농가에서 키우는 개나 고양이가 풀밭을 다니다가 돌아오면 진드기가 잔뜩 묻어 있어 주인이 일일이 족집게로 제거하는 모습을 목격한 적이 있다. 오스트리아를 비롯한 중부 유럽의 농촌에서도 진드기 개체가 풀밭에서 점차 많이 발견되고 있다는 증언을 듣기도 하였다.

주민들이 이러한 변화를 모두 기후변화라는 말로 압축하여 표현하지는 않지만, 겨울 기온의 상승이나 여름철 더위의 심화, 또는 여름이 길어지고 있음을 연관 지어 그들 나름대로 추론하는데, 여기에서 진드기를 비롯한 곤충의 분포와 활동이 기후변화의 중요한 지표 혹은 색인(index) 역할을 하는 것이다. 이들에게 진드기는 해충이기도 하지만 다종 관계 안에서 파악되는 그물망 속 하나의 행위소이며, 넓어지는 분포와 높아지는 빈도수는 환경적인 요인을 가리키는 지표이자 읽어 내야 하는 기호(indexical sign)가 된다.

북유럽의 숲에도 진드기가 분포했었던 것을 감안하면, 생물기호학에서 진드기 모델이 널리 알려진 것은 우연이 아닐 것이다. 생물기호학의 기초를 마련한 야콥 폰 윅스퀼은 발틱 독일계 생물학자로서 기호학적 접근을 통해 동물의 생활 세계(또는 둘레 세계, Umwelt)를 개념화한 인물이다.[8] 그가 묘사한 진드기의 생활 세계에는 오로지 빛, 포유류의 땀 냄새, 그리고 체온의 세 가지 기호(sign) 혹은 들뢰즈의 용어로 표현한다면 정동(affect)만이 존재한다.[9] 외부 세계(Welt)와 주변(Umgebung)은 존재하지만 진드기에게는 무의미하다. 빛을 감지하여 높은 곳을 찾아 올라가서 땀 냄새로 포유류의 털에 떨어지고 체온을 찾아 피부를 파고들기 때문이다.[10]

생물기호학의 생활 세계 개념이 가지는 장점은 어떤 종의 감각과 정동에 대한 지식을 바탕으로, 그 종이 다른 종과 어떤 관계를 맺고 살아가며 진화하게 되는지를 구체적으로 모델화하여 메타 분석을 가능하게 한다는 점이다. 물론, 한 세기 전 윅스퀼이 예로 사용한 진드기 생활 세계 모델은 최신의 생물학 지식에 맞춰 수정되어야 한다. 최근에 진드기가 할러 기관(Haller's organ)의 한 부분을 통해 포유류의 복사열을 수 미터 거리에서도 감지할 수 있다는 것이 알려졌기 때문이다.[11]

반면 쯔쯔가무시병을 옮기는 털진드기(chigger mite, 치거응애) 유충은 진드기와 분류상(목) 다를 뿐만 아니라 할러 기관을 가지지 않고, 알 단계에서 모체로부터 바이러스에 감염되며(경란 전염), 피를 빨지 않고 피부 세포를 갉아 먹는다. 털진드기는 유충 단계에서 한 번만 포유류에 붙기 때문에 이 개체에서 저 개체로 바이러스를 옮기는 것이 아니라는 보고도 있으나 아직 확실하지는 않다. 우리말에서는 응애 종류에도 분류상 진드기라는 일상적 표현을 사용하고 있어 혼동될 염려가 있다. 이와 함께 0.1밀리미터 크기에 불과한 유충 시기에 사람을 비롯한 포유류를 문다는 점을 더욱 강조하고, 진드기 분포가 기후변화와 연관이 있다는 점도 알릴 필요가 있다.

이처럼 생물기호학은 특정한 종의 생활 세계를 그때까지 축적된 생물학 지식을 바탕으로 하여, 그 테두리 안에서만 재구성할 수 있다. 이러한 한계에도 불구하고, 기호와 의미의 영역을 동식물로 확장하여 각각의 생활 세계가 겹침과 맞물림, 그리고 나아가 서로 다른 종의 세계가 얽혀 있음을 보이게 하는 것이 생물기호학의 독특한 기여라고 할 수 있겠다. 같은 연유로 다종 관계를 추적하고 분석하며 성찰하는 과정에서, 구체적이며 경험적인 분석을 풍부하고 탄탄하게 하기 위해서는 생물기호학의 접근이 반드시 필요하다.

다종 관계의 측면에서 인류가 다른 동식물의 생장 과정과 긴밀하게 얽히게 된 역사는 농업 이전의 가축화 과정으로부터 시작된다.[12] 가축화의 시작과 농업의 발달에 이르기까지, 서로 다른 종들의 생활 세계가 맞물리는 과정이 긴 시간에 걸쳐 이루어지면서 과거에는 공진화에 필요한 시간적인 여유가 있었다면, 최근의 200년 동안 일어난 산업화와 개발, 산업적 작물 생산과 가축의 대량 사육은 여러 종의 생활 세계들을 급격하게 재편하는 결과를 가져왔다.

인류는 과거의 급격한 인구 밀도 증가에는 점진적으로 적응하여 면역을 발달시켜 왔지만, 작물과 가축의 밀도가 폭발적으로 증가한 인류세의 집약적 다종 관계 안에서 새롭게 진화하는 박테리아와 바이러스에는 뒤늦게 적응 중이다. 이러한 시차를 따라잡을 수 없다면, 그리고 다른 종들의 생활 세계를 인간이 바꿀 수 없다면, 인간의 생활 세계를 바꿔 볼 것을 심각하게 고려해야 한다.

1 Denise Gellene, "Overlooked No More: June Almeida, Scientist Who Identified the First Coronavirus", *The New York Times*, 2020.5.8.

2 S. Eben Kirksey et al., "The emergence of multispecies ethnography", *Cultural Anthropology* 25, 2010, pp. 545~576.

3 Michael Letko et al., "Bat-borne virus diversity, spillover and emergence", *Nature Reviews Microbiology* 18, 2020, pp. 461~471.

4 Aneta Afelt et al., "Bats, Coronaviruses, and Deforestation: Toward the Emergence of Novel Infectious Diseases?", *Frontiers in Microbiology* 2018(9), 2018, p. 702.

5 Raina Plowright et al., "Ecological dynamics of emerging bat virus spillover", *Proceedings. Biological Sciences* 282(1798), 2015, p. 20142124.

6 덴마크는 중국에 이어 세계 두 번째로 많은 밍크를 생산하는 국가로, 폴란드와 네덜란드가 그 뒤를 이으며, 스페인은 유럽에서 7위 생산국이다. 2020년 11월 10일 기준으로 덴마크의 전염 지역에서는 살처분이 시작되었으나, 살처분 명령의 법적 근거가 없다는 이유로 의회에서 난항을 겪고 총리가 사과하고 장관이 사임하였으며, 당장 그다음 달에 2미터 깊이로 파묻은 밍크 개체들이 지표를 뚫고 나오는 등 문제가 계속되었다. 덴마크 의회는 특위를 조직하여 이른바 '밍크 게이트'에 대한 보고서를 2022년 6월에 완성하였고, 그 직후에 총리는 농장주들에게 공식적으로 사과하면서도 당시 살처분의 필요성에 대해서는 끝까지 양보하지 않았다. Sophie Kevany, "A million mink culled in Netherlands and Spain amid Covid-19 fur farming havoc", *The Guardian*, 2020.7.17; _____, "Denmark announces cull of 15 million mink over Covid mutation fears", *The Guardian*, 2020.11.4; _____, "Denmark's mass mink cull illegal, PM admits as opposition mounts", *The Guardian*, 2020.11.10; Isabella Kwai, "Denmark's leader apologizes for botched mink cull during pandemic", *The New York Times*, 2022.7.1 참조.

7 Jolyon M. Medlock et al., "Effect of climate change on vectorborne disease risk in the UK", *The Lancet Infectious Diseases* 15(6), 2015, pp. 721~730.

8 Kalevi Kull, "Jakob von Uexküll: An Introduction", *Semiotica* 134, 2001, pp. 1~59; Thomas Sebeok, "Biosemiotics: Its roots, proliferation, and prospects", *Semiotica*, 134(1/4), 2001, pp. 61~77.

9 Gilles Deleuze, *Spinoza: Practical Philosophy*, City Light Books, 1988, pp. 124~125.

10 Jakob von Uexküll, *A Foray Into the Worlds of Animals and Humans: With a Theory of Meaning*, translated by Joseph D. O'Neil, Minneapolis: University of Minnesota Press, 2010 [1934].

11 Ann L. Carr et al., "Ticks home in on body heat: A new understanding of Haller's organ and repellent action", *PloS ONE* 14(8), 2019, p. e0221659.

12 Melinda A. Zeder, "Core questions in domestication research", *Proceedings of the National Academy of Sciences* 112(11), 2015, pp. 3191~3198.

새의 서식지, 도시: 백로들은 내년에도 대전으로 돌아오겠지

성한아

과학기술학 연구자. 과학 기술이
인간과 다른 생물종의 관계를 어떻게
바꾸어 왔는지 참여 관찰, 인터뷰,
실행 중심의 문서 분석을 통해
연구한다. 『겸손한 목격자들』을
공저하였으며, 『한국과학사학회지』,
『과학기술학연구』,
『한국도시지리학회지』 등에
논문을 출판해 왔다. 현재 카이스트
인류세연구센터에서 연구교수로
재직하며 한국 사회에서 논을 습지
생태계로 간주하는 사회-물질적 실천의
현장을 좇아 한국 인류세의 다종 관계를
탐구 중이다.

2021년 8월 말, 나는 조금 오래 걸린 박사과정을 마침내 마무리하고 서울에서 대전으로 일상의 반경을 완전히 바꾸는 큰 변화를 겪었다. 그 변화에 적응하는 일이 조금 수월했던 이유는 대전이 내가 태어난 도시라는 데 있었다. 정확히 말하자면 대전은 부모님의 고향이다. 나는 태어나기만 했지 세 살 때 떠나는 바람에 대전에 살았던 기억조차 희미했지만 대전으로의 이사가 마치 고향으로 돌아가는 일처럼 느껴졌다. 아마도 오래전 대전을 기억하는 부모님의 이야기 덕분일 것이다.

내가 다른 도시에서 성장하는 동안 대전의 논과 밭은 건물로 변하고 도로는 몇 차선이 더 넓어질 만큼 많은 변화가 있었다고 했다. 대전은 1995년 광역시로 승격해 대도시라는 명칭이 자연스러운 지역이 되었다. 이사 후 나는 새로운 직장인 인류세연구센터가 위치한 카이스트와 새로 이사한 집 주변에 익숙해져야 했다. 여러 번 갈 만한 맛집, 매번 장을 보러 갈 시장, 풍미 좋은 커피와 빵을 파는 카페를 찬찬히 찾기 시작했다.

대부분이 낯설었지만 집 앞을 나서면 바로 펼쳐진 초록과 파랑이 아름답게 어우러진 풍광의 갑천에는 단번에 적응할 수 있었다. 대전의 하천이 보이는 경관은 서울과 달랐다. 한강보다 규모는 작았지만 갑천은 구불구불한 물길과 푸른 갈대숲이 우거진 모습이 자연 하천에 가까워 인상적이었다. 산책이 잦아졌다. 특히 갑천 풍광에 더 눈이 가게 만들었던 것은 그곳에서 노니는 다양한 새였다. 그중에서도 갑천 중간에 우뚝 서서 먹이를 기다리는 왜가리와 백로가 풍경에 생명력을 더해 주었다.

새로운 동네에 적응하는 와중에 센터 동료들로부터 흥미로운 이야기를 듣게 되었다. 카이스트 기숙사 근처 나무에 백로들이 둥지를 튼다는 거다. 그것도 아주 대규모로. 갑천을 걸으며 보았던 그 새가 인구 150만이 넘는 대도시에 위치한 대학교 내에 둥지를 틀고 있었다니? 카이스트에서 공부했던 사람이라면 백로에 대해 한마디 정도는 덧붙일 수 있을 정도로 카이스트의 백로 둥지는 오래된 이야기였다.

카이스트에 조성된 백로들의 둥지가 처음 알려진 것은 지금으로부터 무려 20여 년 전이다. 백로에 관한 전국 조사 데이터가 없었던 2001년 당시 카이스트 정문에서 조금만 들어가면 보이는 야트막한 동산에 집단으로 번식지를 형성한 백로들의 이야기가 처음으로 교내 신문 지면에 등장한다.[1] 20년쯤 지나 국가 연구 기관인 국립생물자원관이 2018년에서 2019년 백로들의 번식 시기에 백로류 번식지 현황을 기록한 전국 조사 결과를 내놓았다. 당시 조사 보고서는 카이스트에 조성된 백로 둥지가 1,092개에 달한다고 기록하고 있다.[2] 보고서에 실린 176곳의 전국 집단 번식지 중에서 둥지가 1,000개 이상으로 기록된 번식지는 카이스트가 유일했다. 내가 대전을 떠나 성장하고, 대전이 대도시로 발전하는 동안, 야생 동물인 백로들은 점점 더 큰 도시가 되어 간 대전을 떠나지 않았던 것이다.

'백로'는 원래 분류학적으로 황새목(Ciconiiformes) 백로과(Ardeidae)에 속하는 종들을 묶어 지칭하는 단어다. 과학자들은 백로과에 속한 종들을 '백로류'라고 묶어 부르고 이에 속하는 72종을 기록해 왔다. 이 중 그간 한국에는 13종의 번식이 기록되어 왔는데, 그중에 가장 흔하게 관찰되는 왜가리, 중대백로, 중백로, 해오라기, 쇠백로, 황로와 비교적 드물게 관찰되는 흰날개해오라기는 대개

천적으로부터 공격을 피해 집단으로 무리를 이루어 번식한다. 그러다가 다시 가을이 다가오면 중국 남부 지역과 동남아시아 나라들로 먼 거리를 이동해 겨울을 나고서 이듬해 봄에 번식을 위해 다시 한국으로 돌아온다. 개체들 중 일부는 한국에 일 년 내내 머문다고 하지만 대전을 찾은 대부분의 백로들[3]은 2월에서 9월이라는 한정된 기간 동안 대전에 머물며 새끼를 기르고, 6월 중순에서 10월 중순 사이 다시 한국을 떠나 따듯한 남쪽으로 이동해 겨울을 나는 여름 철새다. 2015년 대전에서 수행된 위치 추적 연구에서 과학자들은 대전의 갑천을 찾는 중대백로가 국경을 넘어 무려 3,200킬로미터를 이동해 베트남까지 날아 월동한다는 사실을 밝혔다.[4]

매년 먼 거리를 이동하는 백로의 생태적 특성을 생각하면 백로들이 대전을 떠나지 않았다기보다는 매년 번식을 위해 대전을 '다시 찾아왔다'는 표현이 더 정확하다. 조류 생태학자들은 대개 한 번 선택된 백로류의 집단 번식지는 큰 변동이 생기지 않는 한 내년에도 똑같이 선택될 가능성이 크다고 본다. 왜냐하면 백로들은 대체로 서식지 충실도(site fidelity)가 높은 종이기 때문이다. 서식지 충실도란 매년 같은 번식지를 선택하는 성향을 일컫는다. 대전에 대규모로 둥지를 형성해 온 백로들은 대전이 꽤나 마음에 들었던 모양이다. 전문가들은 2001년 3월 처음 카이스트를 찾은 백로들이 원래는 그 근방에 가장 오래된 백로류 번식지로 알려진 세종특별시 금남면 감성리 백로 군집의 일부라고 추정한다. 감성리 번식지가 축소되면서 백로들 일부가 대전시로 옮겨 왔다는 것이다. 이 번식지는 무려 조선시대부터 기록을 찾아볼 수 있으며 대전시와 불과 10킬로미터 정도 밖에 떨어져 있지 않다.

이후 대전을 20여 년간 찾아왔던 백로들이 언제나 카이스트에만 둥지를 틀었던 것은 아니다. 카이스트를 벗어나 아파트 근처에 둥지를 틀면서 백로 문제가 시 차원에서 다루어야 하는 골칫거리로 여겨진 적이 있다. 2001년 처음 기록된 이후 2012년까지 계속 카이스트에 조성되었던 백로 둥지는 복잡한 연유로 교내 동산의 나무가 사라진 이듬해인 2013년부터 카이스트 담을 넘어 대전 시내에서 발견되기 시작했다. 그 후 2016년에 다시 카이스트로 돌아와 기숙사 뒤편 구수고개라는 작은 동산에 둥지를 틀기까지 백로들의 집단 번식지는 매년 다른 지점에 형성되었다. 문제는 백로들이 번식지를 꾸린 장소가 사람들이 사는 대도시이기도 하다는 데 있었다.[5] 수많은 백로가 모여 둥지를 짓고, 알을 낳고, 새끼를 키우는 와중에 발생한 악취와 분변으로 인해 주민들의 민원이 빗발쳤고, 백로가 떠난 뒤 문제가 된 나무들은 이듬해 백로들이 찾아오지 못하게 정리되었다.

내가 처음 경험한 백로 둥지는 2022년에 카이스트 기숙사 근처에 형성되었던 대규모 백로 번식지였다. 처음 맞닥뜨렸을 때 강렬하게 다가왔던 냄새, 분변으로 인한 하얀 먼지, 와글와글한 소리에 대한 기억이 아주 인상 깊게 남아 있다. 신기하게도 백로들은 대전이 어디가 좋은지 이전 해에 둥지를 틀었던 나무가 정리되면 그 근방 가까운 나무를 찾아와 다시 둥지를 틀었다. 여전히 대전 시내에 위치한 나무에 말이다. 그렇게 백로들은 사람들이 대체로 환영하지 않음에도 불구하고 20여 년을 계속해서 새끼를 기르기 위해 대전으로 돌아왔고, 2023년에도, 그 이듬해인 2024년에도 카이스트의 기숙사 뒤편에 둥지를 틀었다. 백로들이 국가를 세운다면, 대전은 분명 개체 수 기준으로 처음부터 광역시급 도시로 선정될 것이다.

하지만 대전 같은 인구 150만의 대도시에 둥지를 트는 백로 이야기는 여전히 많은 사람에게 낯설 가능성이 크다. 이는 도심에 백로 번식지가 형성되는 걸 사람들이 골칫거리로 여기며, 적절하지 않다고 여기는 경향과도 연결된다. 인간의 편의를 중심으로 설계된 도시라는 장소는 대개 야생 동물의 자리를 고려하지 않는다. 야생 동물은 도시에서 멀리 떨어져 '야생'에서 살아야 하는 존재로 여겨진다. 이런 사고 아래에서는 야생 동물과 인간의 관계란 인간이 도시의 경계를 넓히는 만큼 야생 동물의 자리는 줄어드는 제로섬 게임처럼 여겨질 뿐이다.

이와 달리 대전을 찾아온 백로가 특별한 것은 백로들이 애초에 인간이 사는 장소로부터 완전히 동떨어진 야생지를 선택해서 살아온 종이 아니기 때문이다. 백로들은 아주 오래전 농사가 주를 이루던 시절부터 일부러 인간이 살아가는 민가 근처 숲에 집단 번식지를 형성해 왔다. '학마을'이라는 마을 이름은 그런 연유로 붙여졌다. 당시 사람들에게 좋은 주거 조건으로 여겨지는 배산임수(背山臨水)의 자연환경을 백로들도 선호했는데, 인간이 살기에 좋은 환경이 백로에게도 좋은 셈이었다.

특히 백로는 오래전부터 민가와 가까운 숲에 둥지를 조성하는 경향이 있다. 여러 가지 이유를 꼽을 수 있지만, 가장 큰 이유 중 하나는 번식하는 동안 삵, 너구리, 길고양이 같은 천적을 피하기 위함이다. 천적들이 사람을 피한다는 사실을 알았던 거다. 게다가 마을에 있는 논은 봄과 여름 먹이가 가장 필요한 번식기 동안 백로들에게 충분한 먹이를 제공하는 취식지 역할을 해 주었다. 백로들은 잠수하기보다는 수심이 얕은 습지에서 오래 기다리거나 걸어 다니며 먹이 활동을 한다. 이런 점에서 물이 얕게 채워진 데다가 개구리, 미꾸라지, 곤충이 많은 논은 백로들에게 좋은 먹이터였다. 물론 논뿐만 아니라 마을 앞에 펼쳐진 얕은 수심의 하천도 새끼를 기르기 위한 작은 물고기를 확보하기에 안성맞춤이었다.

조류 생태학자들은 백로가 오래전부터 산림 생태계와 습지 생태계를 연결 짓는 역할을 맡아 온 동물이라고 설명한다. 백로들은 얕은 하천이나 논에서 사냥한 먹이를 민가 근처 숲에 튼 둥지로 돌아가 새끼에게 먹임으로써 서로 다른 생태계의 순환을 매개해 왔다. 반대로 말하자면 백로가 번식하기 위해서는 산림 생태계와 습지 생태계라는 다양한 생태계가 모두 필요하다. 예전에 비해 지금은 논이 많이 줄어들었지만, 천적을 쫓을 수 있는 민가, 작은 숲, 충분히 먹이를 구할 수 있는 맑고 얕은 하천이 있다면 그곳이 어디든 백로들에게는 둥지를 틀기에 금상첨화인 장소일 것이다. 이런 점을 고려하면 백로들이 번식지를 형성한 도시는 산림 생태계와 습지 생태계가 적절히 존재하는, 다양한 자연환경이 잘 발달한 조건을 갖춘 지역이라고 할 수 있다.

실제로 나는 백로들의 생태적 습성을 알아 가면서 백로들이 선택한 도시, 대전의 생태계에 대해서도 새로운 사실을 알게 되었다. 하나는 대전이 광역시 중에서 가장 하천 비율이 높은 도시로, 2000년 이후 지자체 사업으로 생태 하천 복원을 추진해 왔다는 사실이다. 대전에는 3대 하천으로 손꼽히는 갑천, 유등천, 대전천이 흐른다. 이들 하천은 1970년대부터 대전의 도시화와 함께 직선화되거나 복개 하천으로 급격한 변모를 겪었다고 한다. 내가 지금 집 앞에서 백로들을 쉽게 볼 수 있는 갑천의 푸른 풍광은 사실 최근 도시화로 파괴된 하천을 복원하는 시 차원의 사업을 통해 조성된 것이다.

대전시는 2003년 12월부터 학술 연구 용역을 시작으로 대전 내 세 개 하천에 대한 생태 복원 사업을 본격적으로 실시해 왔다. 이후 2014년 대전시는 환경부가 연 '생태하천복원 우수사례 콘테스트'에서 대전천 복원 사업으로 생태하천복원 성과부문 장려상을 수상했고, 2015년에는 같은 콘테스트에서 갑천 지류인 대전 서구의 매노천과 장안천이 우수상을 수상했다. 대전에 계속 찾아오는 백로의 존재는 어쩌면 그동안 개선되어 온 대전 하천 생태계의 현황을 보여 주는 지표가 아닐까? 일부러 계획한 것은 아니지만 시민을 위한 지자체의 노력이 아주 우연히 백로들에게도 혜택으로 돌아간 것은 아닐까? 그러나 계속해서 인간과 백로가 문제없이 공존하는 일을 그저 우연에만 맡길 수는 없다.

대학원 시절에 〈정원의 역사〉라는 수업을 들었다. 그때도 인간과 동물의 관계에 관심을 두던 나는 '제2의 자연'이라 여겨지는 정원을 조성하면서 동물을 설계의 대상으로 두지 않는다는 점을 눈여겨보았다. 정원 설계는 대개 통제 가능한 식물에 초점이 맞추어져 있다. 아마 동물들은 대부분 너른 이동 반경을 자유로이 다니며 생활하므로 행동을 예측하기 힘들기 때문일 것이다. 이를 고려하면 도시 계획에서 동물은 포함하지 않는 쪽이 더 쉬워 보인다.

최근에는 문제를 다르게 보는 사람들이 등장하고 있다. 『도시를 바꾸는 새』에서 저자 티모시 비틀리는 새에게 친화적인 도시를 조성하려는 전 세계의 움직임을 보여 준다. 가령, 캐나다의 도시 밴쿠버가 수립한 친환경 도시 사업 계획에 포함된 '밴쿠버 조류 계획'은 새가 도시의 삶을 더 풍요롭게 해 준다는 전제를 깔고 구체적으로 도시가 새를 위해 할 수 있는 다양한 노력을 과제로 제시한다.6

이런 사례가 해외에만 존재하지는 않는다. 다시 대전시의 사례를 살펴보자. 2013년부터 백로들이 카이스트를 떠나 주택과 가까운 남선근린공원의 나무에 둥지를 틀면서 분변, 냄새, 소음으로 인한 민원이 제기되었을 때, 대전시는 새로운 방식으로 민원에 대응했다. 대전발전연구원의 주도로 2016년에 백로들을 월평공원으로 유도해 주민들이 입는 피해를 줄이고 공존을 꾀하는 실험을 시도한 것이다. 당시 연구 팀은 특별히 제작한 백로 모형과 소리로 주택에 최대한 덜 피해를 미치는 지점으로 번식지 형성을 유도하려 했다. 결과는 아쉽게도 실패했지만, 이는 대도시에 찾아온 도심 내 백로들과 공존을 꾀한 최초의 시도로 기록되었다. 대전으로부터 3,200킬로미터가 넘는 백로들의 이동 경로를 밝혀낸 것도 이때가 처음이다.

2023년 6월 5일 환경의 날에 대전시 서구와 유성구 구간의 갑천 습지가 31번째 국가 내륙습지보호지역으로 지정되었다. 흥미롭게도, 이 구간은 2016년 대전시가 백로류 번식지를 유인하려고 했던 월평공원에 인접해 있으며, 근처에 도솔산이 위치해 산림 생태계와 습지 생태계가 적절하게 어우러진 환경이다. 이곳은 인간들이 보기에 백로가 살기 좋은 천혜의 자연환경을 보유한 지역처럼 보이지만, 백로들은 그 나름의 선호를 가지고 살아 움직이는 동물이다. 분명한 점은 백로들이 번식을 위해 계속 대전 어딘가를 찾아 둥지를 틀 가능성 크다는 사실뿐이다.

서식지 충실도가 높은 백로들은 올해도 카이스트로 돌아와 기숙사 뒤편 구수고개에 둥지를 틀었다. 또 많은 백로가 대전에서 태어났다. 그들에게 대전은 일종의 고향이다. 아마도 그중 일부는 내년에도 대전으로 돌아올 것이다. 2016년 백로류 번식지와 공존을 꾀했던 대전시의 시도는 인간이 살기 좋은 녹색의 도시를 만드는 일이 백로와 같은 예상치 못한 손님을 더 불러올 수도 있으며, 이에 관해 도시라는 장소를 다르게 상상하는 시도가 가능함을 보여 주는 사례다.

당시 프로젝트를 주도한 대전발전연구소의 연구진은 최종 보고서에서 도시에서 백로와 인간이 공존하기 위해 시민들이 할 수 있는 특별한 매뉴얼을 이미 제안한 적 있다.[7] 그 매뉴얼에서 가장 흥미로운 점은 번식 전, 번식 중, 번식 후로 단계를 구분해 시민 단체와 시민 사회가 협력해서 백로의 서식지를 지속적으로 모니터링할 필요가 있다는 제안이었다.

먼저 초봄 대전으로 돌아온 백로들이 둥지를 지을 적절한 자리를 모색하기 시작하는 번식 전 2월부터 모니터링이 시작되어야 한다. 백로류 중에서도 덩치가 큰 중대백로나 왜가리는 서식지 충실도가 높은 편으로 같은 숲을 이용하는 경향이 훨씬 높은 데 비해, 쇠백로나 황로와 같은 소형 조류들은 한정된 지역 내에 번식지 위치가 보다 가변적으로 형성된다고 한다. 이들 백로들이 만약 피해를 발생시킬 만한 과도하게 가까운 장소에 둥지를 틀려고 한다면, 미리 폭력적이지 않은 방해 공작을 펼쳐 사전에 방지할 수 있다. 만약 주민 피해가 우려되지 않을 만큼 적당히 거리가 떨어진 장소에 번식지를 꾸렸을 경우라면 계속 모니터링을 하면서 도시에서 새끼들이 무사히 자라 둥지를 떠날 때까지 적절히 보호·관리해야 한다. 대전발전연구원 보고서의 제안은 인간이 대전을 찾아온 백로에게 지속적으로 주의를 기울이고 작은 변화나 문제에 바로 응답해 적당한 거리를 내어

줌으로써 도시에서도 인간과 백로가 공존할 수 있음을 알려 준다.[8]

인류세연구센터에서는 2022년 한 해 동안 카이스트 내 학생들과 기숙사 옆에 둥지를 튼 백로들에 대한 관찰 일지를 작성하는 작은 프로젝트를 진행했었다. 대전시와 백로들의 깊은 역사를 알게 된 것도 이때이다. 이어 2023년에는 새로운 프로젝트로 생태 모니터링에 관심이 있는 카이스트 학생들[9]과 함께 카이스트 근처 갑천의 일부 구간에서 취식하는 백로류 모니터링을 시작했다. 이 프로젝트는 대전이라는 도시가 1,092쌍이나 되는 백로의 도시이기도 하다는 사실을 그려 내기 위한 작은 출발이었다. 방법은 간단하다. 카이스트 정문 앞에서부터 양쪽으로 일정 구간의 하천에서 발견되는 백로류 개체가 위치한 지점과 시간을 정확히 기록해 지도에 표시한다. 이 시민 과학 프로젝트는 카이스트 앞을 흐르는 갑천이 시민들이 산책하는 장소일 뿐 아니라 백로들이 먹이 활동을 하는 장소임을 가시화하려는 것이 목표였고, 총 여덟 번의 동시 조사를 포함한 전체 조사에서 120개의 데이터를 확보했다. 이 데이터를 통해 우리는 카이스트 정문 앞을 흐르는 갑천을 먹이터로 활용하는 백로들이 유독 징검다리 부근에서 자주 목격된다는 사실을 지도에 그릴 수 있었다. 여전히 도시에 서식하는 백로를 아는 일은 현재 진행 중이다. 이 글을 마무리 중인 2024년에도 백로들은 다시 카이스트를 찾았다. 분명한 것은 매년 다시 찾는 백로들에게 대전은 대대로 번식하기 좋은, 특별한 의미가 있는 도시임이 분명하다는 사실이다. 그리고 더욱 분명한 점은 인간들만의 장소로 여겨져 온 도시를 백로들에게도 의미 있는 장소로 꾸려 가는 것은 인간의 몫이라는 사실이다.

1 「캠퍼스 새 가족 '백로'」, 『카이스트 신문』, 2001.7.4, 1면.

2 이 조사는 백로류에 관한 한 두 번째 전국 조사다. 황재웅 외, 『한국의 백로 번식지』, 인천: 국립생물자원관, 2020.

3 이 글을 준비하다가 야생 동물에 관해 언제나 기대되는 글을 써 주시는 수의사 최태규 선생님이 사계절 북뉴스 『도시의 동물들』 연재에 실은 백로에 관한 글 「8회 백로: 다시 돌아오려는 백로와 다시 쫓아내려는 사람들」을 만났다. '백로들'이라는 지칭은 이 글에서 참고했다. https://blog.naver.com/skjmail/223148654034.

4 임은홍 외, 「국내중대백로(Ardea alba)의 행동권 및 국가간 이동: 대전광역시 백로번식지 이용개체를 대상으로」, 『한국환경생태학회 학술발표 논문집』 24(1), 2016, 41~42쪽.

5 최근 인류세연구센터에서는 대전시를 계속해서 찾아온 백로들 이야기를 다종적 도시 관점에서 분석한 논문을 출간했다. 최명애 외, 「도시의 비인간 이웃: 대전시 주민-백로 갈등을 중심으로」, 『한국도시지리학회지』 26(1), 2023, 17~36쪽.

6 티모시 비틀리, 『도시를 바꾸는 새』, 서울: 원더박스, 2022, 249쪽.

7 이은재, 『대전 남선공원 백로류 현황 및 관리방안』, 대전: 대전발전연구원, 2014, 95~109쪽.

8 도나 해러웨이, 『트러블과 함께하기』, 서울: 마농지, 2021.

9 이 프로젝트에는 카이스트 내 생태 동아리 '숲'과 환경 동아리 'G-inK'가 함께하고 있다.

조용한 지구의 수호자, 식물

민경진

생태학을 전공하고 서울대학교
농업생명과학대학 농생명공학부
조교수로 재직 중이다. 기후변화-토양-
식물의 상호 작용에 관심이 있다.

여름이 한창이다. 대부분의 시간을 냉방이 잘 되는 실내에서 보내다 보면 온도의 변화를 직접적으로 느끼기 힘들지만, 창문 너머 식물을 바라보면 계절을 짐작할 수 있다. 지금은 식물의 잎사귀가 커지고 초록빛이 점점 진해지는 시기이다. 연구에 따르면 초록색은 마음에 안정을 주는 색이라고 한다.[1] 따라서 식물은 대체로 인간에게 좋은 점수를 얻는다. 나무에 둘러싸인 숲세권 아파트, 피톤치드를 내뿜는 산책로……. 하지만 초록색이 우리에게 주는 혜택은 우리가 생각하는 것 이상으로 크다. 그 가격을 산정할 수 없을 정도로.

광합성, 지구에서 가장 중요한 생화학 반응

식물이 초록색을 띠는 이유는 엽록소라는 색소 때문이다. 엽록소는 안테나처럼 태양 에너지를 흡수하여 물과 이산화탄소를 저장하기 쉬운 화학 에너지로 전환한다(광합성). 이 과정은 굉장히 간단해 보이지만 과학자들 사이에서는 지구에서 가장 중요한 생화학 반응으로 여겨진다.[2] 실제로 1988년 노벨화학상은 광합성에 필수적인 단백질의 구조를 밝힌 요한 다이젠호퍼(Johann Deisenhofer), 로베르트 후버(Robert Huber), 하르트무트 미헬(Hartmut Michel)에게 돌아갔다. 노벨상은 단순히 과학적 업적에만 초점을 맞추기보다는 연구의 사회적 파급력을 더 중요시한다. 혹자는 '광합성이 인간의 삶에 무슨 기여를 했는가?', '나는 채식주의가 아니다. 고기를 선호한다'라고 말할지도 모른다. 하지만 이는 이 지구라는 생태계의 작동 원리를 제대로 모르고 하는 말이다.

생명체는 에너지를 필요로 한다. 태양 에너지는 지구에서 가장 풍부하고 무한한 에너지원이지만 안타깝게도 대부분의 생명체는 태양 에너지를 직접적으로 이용할 수 없다. 태양 에너지를 흡수하는 엽록소가 없기 때문이다. 따라서 엽록소가 없는 생명체는 이 색소를 가지고 있는 생명체에 기대어 에너지를 얻어야 한다. 여기서 생태피라미드가 파생된다〈1〉. 피라미드 가장 하부에 위치한 식물은 엽록소를 이용하여 화학 에너지를 만들어 내고, 피라미드 상부의 생명체는 하부의 생명체를 먹음으로써 에너지를 흡수한다. 따라서 설령 내가 육식만 한다고 하더라도, 닭, 소, 돼지를 살찌우는 것은 결국 사료인 식물이다. 식물이 존재하지 않으면 인간은 굶어 죽는다. 이러한 이유로 광합성은 지구의 모든 생명체를 지탱하는 가장 중요한 생화학 반응이 된다. 광합성의 첫번째 의미는 지구를 살찌우는 원동력(식량)에 있다.

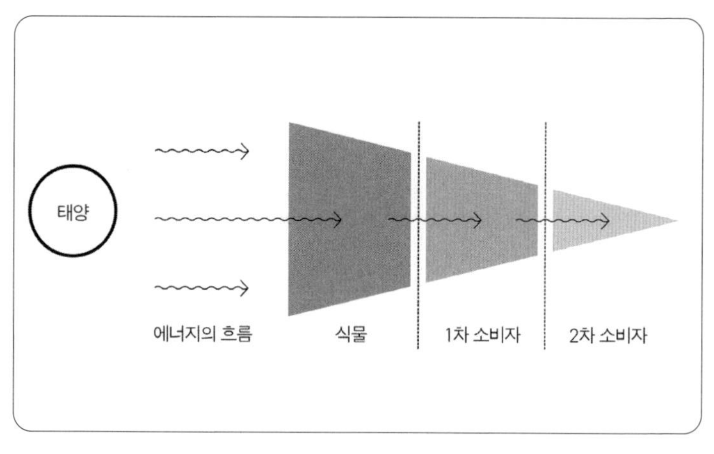

〈1〉 생태피라미드. 지구의 에너지는 태양→식물→동물 한 방향으로 흐른다. 1차, 2차 소비자는 식물이 엽록소를 이용하여 태양 에너지를 전환시킨 화학 에너지(유기물)를 먹이로 삼아 생명을 유지한다.

식량, 그 너머

하지만 인간은 음식을 먹는 것만으로는 생활을 유지할 수 없다. 18세기 산업혁명 이후로 인간이 만들어 낸 유사 생명체인 기계를 작동시키기 위해 인간이 먹지 않는 에너지가 필요해졌다. 기계는 고농도로 에너지가 농축된 화석 연료를 좋아했다. 다만, 무한한 줄 알았던 화석 연료는 그 매장량에 한계가 있다는 것이 드러나면서 우리는 기계를 유지시키기 위해 다른 에너지원을 찾아야 했다. 풍부하고 무한한 에너지원. 어디서 들어 보지 않았는가? 인간은 다시 태양 에너지에 관심을 돌리기 시작했고 이를 이용할 줄 아는 식물을 이용해 기계를 작동시켜 보기로 결정했다. 일례로, 미국의 에너지부(Department of Energy)는 1970년대 후반 식물을 키워 에너지를 추출하는 바이오매스 개발 사업에 뛰어들었다. 화석 연료가 과거 지질시대에 살았던 동식물의 사체로부터 에너지를 얻는 것이라면, 바이오매스란 현 시대에 키운 식물에 저장되어 있는 에너지를 이용하는 것이다. 초본류(grass), 목재, 조류(algae), 식량 작물의 먹지 않는 부분, 음식물 쓰레기 등이 모두 바이오매스로 쓰일 수 있다. 사실 바이오매스는 완전히 새로운 것이 아니다. 화석 연료를 사용하기 전 이미 인류는 땔감을 태워 요리나 난방에 필요한 에너지를 얻어 왔다. 19세기 중반까지만 해도 바이오매스는 미국 내 전체 에너지 소비량의 대부분을 차지했고, 현재도 개발도상국에서는 비싼 화석 연료 대신 바이오매스가 사용된다. 따라서, 최근의 바이오매스에 대한 관심은 새로운 에너지원이라는 의미보다는 에너지를 추출 및 저장하는 방식의 진보라고 보는 것이 맞을 듯하다. 현재는 바이오매스를 직접 태워 에너지를 얻기보다는 열화학적·생물학적 방법을 이용하여 고체·기체·액체상의 연료로 전환하여 사용하는 방식이 더 널리 쓰이고 있다. 특히나 여러 재생 가능한 에너지 중에서 바이오매스만이 액체 연료로 전환될 수 있기 때문에 자동차, 비행기 및 여러 산업용 기계를 작동시키는 데 중요하게 쓰일 것이라 예측된다. 2020년 기준 바이오매스는 미국 내 에너지 생산량의 5퍼센트를 차지하며, 이중 절반이 목재·펄프 산업 부문에서 사용된다.

바이오매스는 가격이 없고 무한한 태양 에너지를 이용하기 때문에 초기 자본 투입량이 낮다는 장점이 있지만, 바이오매스로 쓰일 식물을 키울 넓은 땅을 구하기가 쉽지 않다. 대부분의 경작 가능한 땅은 이미 식량을 생산할 용도로 쓰이고 있기 때문이다. 과학자들은 식량 작물과 땅이 경쟁하지 않으면서, 즉 식량 작물이 자랄 수 없는 매우 척박한 땅에서도 자라며, 다양한 기후에서도 잘 자라는 식물을 찾아야만 했다〈2〉. 이를 위해 에너지부는 미국의 여러 지역에서 다양한 식물을 키운 후 이들의 성장 속도를 모니터링해 왔다. 스위치그래스(Switchgrass)는 후보 식물 중 다양한 기후·토양·경작 방식하에서도 가장 빨리 자라는 식물로 밝혀져 미국 에너지부의 바이오매스 사업 깃대종(Flagship species)으로 선정되었다.

스위치그래스는 북미에 자생하는 여러해살이풀이다. 스위치그래스는 물과 영양분의 요구량이 낮으며, 지상부와 지하부에 각각 2미터가량 자랄 수 있는 거대한 풀로, 여러 해에 걸쳐 반복 수확해도 생장에 지장이 없을 만큼 성장 속도가 빠르다는 장점이 있다. 바이오매스 식물은 에너지 및 기후변화와

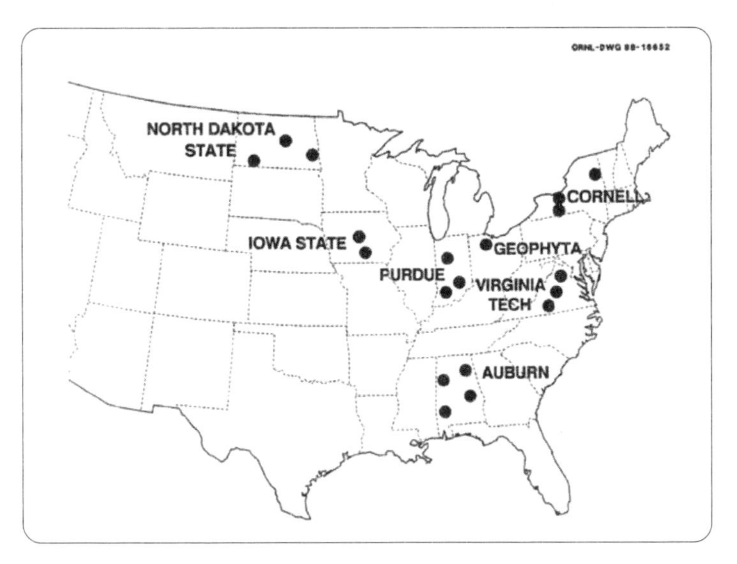

〈2〉 (위) 미국의 바이오매스 식물 선별 실험지 분포도. 미국은 스위치그래스, 빅 블루스템(Big Bluestem), 클로버(Clover) 등 여러 예비 식물을 다양한 기후와 조건에서 키우는 대규모 실험을 통해 바이오매스 생산에 가장 적합한 식물을 선별하였다.3
(아래) 엄격한 선별 과정을 통과하여 바이오매스에 쓰이는 스위치그래스의 실제 모습4

관련하여 윈윈 전략(win-win solution)이라고 볼 수 있는데, 빠른 광합성·성장 속도로 대기 중의 이산화탄소를 흡수하여 온실 효과를 줄이는 동시에 식물 자체를 에너지원으로 사용할 수 있기 때문이다. 현재 스위치그래스를 포함한 바이오매스는 전 세계 전기 생산량의 약 2퍼센트를 차지한다.[5] 미국은 2030년까지 바이오매스로부터 840억~970억 갤런[6]의 연료를 얻을 수 있을 것이라 예측하는데, 이는 2015년 전미 휘발유 소비량(1,400억 갤런)의 절반을 차지하는 막대한 양이다.[7] 앞으로 바이오매스 에너지가 상용화되기까지는 생산, 수집, 운송, 저장을 위한 정부 차원의 인프라가 필요할 것으로 보인다.

위아래 모두 버릴 것이 없는 식물

앞에서 언급한 식량, 에너지원으로서의 식물은 주로 땅 위의 초록색 부분이 담당하는 역할이다. 하지만 식물은 지상부만큼이나 큰 지하부를 가지고 있고, 사실 지하부의 활동 없이 자랄 수 없다. 뿌리는 광합성에 필요한 물을 흡수하며, 식물이 안정적으로 자랄 수 있도록 물리적인 지지의 역할을 한다. 하지만 최근 과학자들은 이러한 기존의 생물학적 역할 이외에도 뿌리와 뿌리 주변 토양인 근권(rhizosphere)이 기후변화의 속도를 늦출 수 있는 생태적인 역할을 할 것이라 기대하고 있다. 뿌리는 초록색을 띠지 않는, 즉 광합성을 하지 않아서 이산화탄소를 흡수할 수 없는 부위인데, 어떻게 기후변화에 영향을 줄 수 있을까?

식물의 잎은 중앙 공급처로서 광합성을 통해 얻은 에너지를 유기물로 전환하여 광합성을 할 수 없는 뿌리나 줄기로 이동시킨다. 이렇게 이동된 에너지(유기물)는 뿌리나 줄기가 성장하거나 호흡을 하는 데에 사용된다. 놀라운 사실은 에너지 이동 과정에서 광합성을 통해 얻은 에너지의 5~21퍼센트가 뿌리 밖의 근권으로 유실된다는 것이다.[8] 여기까지만 보면 식물은 경제 관념이 낮은 생명체 같다. 하지만 사실 이렇게 외부로 방출된 에너지는 식물의 영양분(질소, 인) 흡수를 도와 성장을 촉진한다. 식물이 직접 영양분의 위치를 탐색하고, 발견한 영양분을 흡수 가능한 형태로 잘게 쪼개는 대신 이 분야의 전문가인 토양 미생물에게 유기물을 공급해 준 후 그 대가로 도움을 얻는 것이다. 일종의 아웃소싱인 셈이다. 토양 미생물은 뿌리보다 크기가 작기 때문에 토양 구석구석 영양분을 탐색하는 능력이 뛰어나다. 또한 발견된 영양분은 대부분 크기가 너무 커서 식물이나 미생물이 직접 흡수할 수 없기 때문에 토양 미생물은 이를 잘게 자르는 단백질을 다량 생산하여 흡수 가능한 영양분의 방출을 돕는다. 따라서 식물이 근권으로 방출하는 에너지가 많을수록(유기물을 많이 방출할수록), 토양 미생물의 활동도 활발해지고 덩달아 식물이 사용할 수 있는 형태의 영양분도 증가하게 되는 것이다. 토양 미생물과의 공조를 통해 식물의 뿌리가 광합성에 일조한다고 볼 수 있다.

뿌리의 생태적인 역할은 여기에서 끝나는 것이 아니다. 열역학법칙에 따르면 모든 탄소는 결국 이산화탄소의 형태로 변환되며, 따라서 인류가 대기 중으로 방출하는 탄소 외에도 자연적인 과정에 의해 탄소가 대기 중으로 방출된다. 인류가 야기한 기후변화와 그에 따른 온도 상승은 이러한 자연적 이산화탄소 방출 속도를 가속화하고 있다. 하지만 최근 연구에 따르면 근권의 토양 미생물에 의해 쪼개지고 전환된 토양 유기물은 안정적인 형태를 띠기 때문에 대기 중으로 이산화탄소의 형태로 방출되는 속도가 느리다고 한다.[9] 이 연구 결과는 식물-토양 상호 작용을 이용하면 기후변화의 가속을 늦출 수도 있음을 시사한다.

현재 미국의 로렌스 리버모어 국립연구소(Lawrence Livermore National Laboratory)는 식물의 뿌리로 인하여 토양 미생물의 활동이 얼마나 향상될지, 어느 토양 미생물의 활동이 가장 영향을 받을지, 얼마나 많은 토양 유기물이 안정적인 형태로 변환될지, 얼마나 오랫동안 토양 유기물이 토양에 머무를지에 대한 해답을 얻기 위해 미국 전역에 걸친 스위치그래스 실험지를 대상으로 연구 중이다〈3〉. 토양을 채취하는 방법은 삽, 수동 토양 샘플러, 기계식 토양 샘플러 등으로 다양한데, 로렌스 리버모어 국립연구소는 깊은 토양을 연구하기 위하여 드릴링 기계의 힘을 빌린다. 드릴링 기계에 쇠 파이프를 장착하여 땅에 박은 후 다시 꺼내면 파이프 안에 토양이 가득 찬다. 파이프를 여러 개 연결하면 지반의 상태에 따라 수 미터에서 수십 미터까지의 토양을 채취할 수 있다. 로렌스 리버모어 국립연구소의 실험 대상지가 전미의 다양한 기후, 토양 조건에 분포되어 있기 때문에 이 연구를 통해 식물-토양을 이용한 기후변화 저감 대책에 대한 일반적인 결론을 도출할 수 있을 것으로 기대된다.

슈퍼맨의 활약이 멋지게 보이는 이유는 평상시에 양복과 안경에 가려진 조용하고 수동적인 모습과의 대비 때문이다. 식물은 한곳에 정착하여 주어진 환경에 적응하여 살아가기 때문에 역동적이지도 박력 있어 보이지도 않는다. 하지만 그들은 지구의 모든 생명체를 지탱하는 식량을 제공하고, 현대 사회를 작동시키는 에너지를 공급해 주며, 인류가 야기한 기후변화를 되돌릴 수 있는 막강한 힘을 가진 강력한 생명체이다. 지금 우리가 일하는 사무실 밖에서

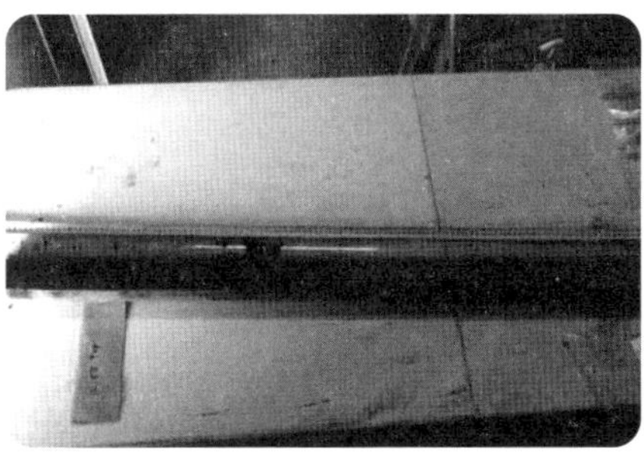

〈3〉 (위) 미시간주립대학교 켈로그생물학센터(Michigan State University Kellogg Biological Station)에서 관리하는 스위치그래스 실험지에서 토양 샘플을 채취하는 모습. 리모컨을 이용하여 드릴링 머신을 작동시키며, 소음 제거용 헤드폰을 사용하여 청력을 보호한다. (아래) 상층부 0~120센티미터에서 채취한 토양 코어 샘플. 이렇게 채취한 토양은 토양화학, 미생물 군집 분석에 쓰인다.

조용히 광합성을 하고 있는 식물이 사실은 인류가 직면한 다양한 문제점에 대한 해결책인 셈이다. 여름이 되어 활발하게 초록빛을 발산하는 식물을 바라보며, 더 많은 사람이 식물과 인간의 긴밀한 연결 고리를 깨닫고 이 오래된 생명체가 지구를 수호하는 핵심적인 역할을 수행한다는 것을 알아주었으면 한다.

1 I. Alcock et al., "Longitudinal effects on mental health of moving to greener and less green urban areas", *Environmental Science & Technology* 48, 2014, pp. 1247~1255.

2 노벨상 홈페이지. https//www.nobelprize.org/prizes/chemistry/1988/speedread.

3 Oak Ridge National Laboratory, "Historical perspective on how and why switchgrass was selected as a "model" high-potential energy crop", 2007.

4 L. L. Wright et al., "Switchgrass production in the USA", *IEA Bioenergy Task* 43, 2011.3.

5 폴 호켄, 『플랜 드로다운』, 이현수 옮김, 글항아리사이언스, 2019.

6 1갤런은 약 3.8리터로, 840~970억 갤런은 약 3,200억~3,700억 리터 정도이다.

7 미국 에너지부 홈페이지. https//www.energy.gov/eere/bioenergy/bioenergy-frequently-asked-questions.

8 F. Z. Haichar et al., "Root exudates mediated belowground interactions", *Soil Biology & Biochemistry* 77, 2014, pp. 69~80.

9 V. Poirier et al., "The root of the matter linking root traits and soil organic matter stabilization processes", *Soil Biology & Biochemistry* 120, 2018, pp. 246~259; F. A. Dijkstra et al., "Root effects on soil organic carbon a doubleedged sword", *New Phytologist* 230, 2020, pp. 60~65.

공기풍경 2019[1]

김성은

카이스트 과학기술정책대학원 박사,
서울대학교 아시아연구소 방문학자

김희원

카이스트 과학기술정책대학원
박사과정

전치형

카이스트 과학기술정책대학원 교수

2018년 12월 1일 정오, 서울 종로구의 미세먼지 농도는 44μg/m^3, 초미세먼지 농도는 22μg/m^3다.[2] 털모자를 쓰고 패딩을 껴입은 어른과 아이들이 마스크를 쓰고 광화문 광장에 모였다. '미세먼지 대책을 촉구합니다(미대촉)' 인터넷 카페가 주최한 7차 집회가 열린 날이었다.

쌀쌀한 바람이 불었지만, 집회 참여자들은 차가운 바닥에 앉아 구호를 외쳤다. "국회는 미세먼지 사회재난 법안 조속히 통과시켜라!" "공기 잃은 나라엔 미래가 없다." 이날 집회는 미대촉 이미옥 대표가 문재인 대통령에게 쓴 서한문을 청와대에 전달하며 마무리됐다.

미세먼지는 지금까지 무색무취하다고 여겨졌던 공기를 뿌옇고 매캐하고 두려운 것으로 바꾸어 놓았다. 2016년 5월 29일 문을 연 미대촉 카페에는 2019년 5월까지 3년 동안 10만 명 넘는 사람이 가입했다. 오염된 공기는 사람들을 압박해 여기저기로 밀어낸다. 공기를 신경 쓰지 않고 살던 사람들이 광화문에 모여 공기가 적힌 팻말을 들고, 공기 정보를 요구하고, 공기 기계를 향한 불평을 쏟아 낸다. 먼지가 걷힌 어느 날, 이들은 2019년의 공기를 어떻게 회상하게 될까. 그 공기풍경에는 무엇이 담기고 무엇이 담기지 못했을까.

두 공기 이야기

2019년 2월 21일, 서울 서대문구 초미세먼지 농도 81μg/m^3. 구름이 거의 없는 하늘인데도 뿌연 공기가 햇살을 가로막았는지 지하철 2호선 홍대입구역 거리에 그늘이 드리웠다. 일산 킨텍스

휴대용 공기청정기 ‘에어테이머’ 전시 부스. 사진: 김희원

전시장으로 가는 시외버스를 기다리며 확인한 고양시 주엽동의 초미세먼지 농도는 $64\mu g/m^3$였다. 버스는 공기 질 ‘매우 나쁨’인 홍대입구를 출발하여 공기 질 ‘나쁨’인 일산 킨텍스를 향해 달렸다. 버스 안 라디오에서 나오는 기상 정보에 따르면, 한국 상공의 대기가 정체되어 있는 상태라 오염된 공기가 다른 곳으로 이동하지 못하고 있었다. 앞으로 며칠간 미세먼지는 더 나빠질 것이라고 했다.

킨텍스에는 맑은 공기에 대한 약속이 넘쳐 났다. 이날 열린 〈클린 에어 엑스포〉는 미세먼지에 대응하는 익숙한 기술과 새로운 기술을 한자리에 모아 놓았다. 그중에서도 손가락 두세 개 너비의 펜던트가 달린 목걸이가 시선을 사로잡았다. 목에 걸고 다니는 휴대용 공기청정기 '에어테이머(AirTamer)'였다. 위험한 공기를 다스려서 부드럽고 온순한 공기로 만들어 주는 기계라는 뜻인 듯했다.

"미국에서 인정받은 특허 정품입니다."

부스를 지키던 담당자가 말을 걸어왔다.

"얼굴 주변에 1미터 크기의 클린 보호망을 만들어 이동 중에도 미세먼지, 꽃가루, 병원균, 매연, 심지어 바이러스로부터 나를 보호해 줍니다."

팸플릿을 쥔 중년 여성과 아들로 보이는 남학생이 설명을 유심히 듣고 있었다. 각종 공기 제품이 정화 기능을 뽐내고 있었지만, 남학생은 마스크를 벗지 않은 채였다.

'스마트 포그머신'이라는 기계도 있었다. 포그머신은 수돗물을 끌어들인 다음, 안개처럼 미세한 물 입자를 만들어 내는 펌프식 기계다.

담당자는 이 물방울의 직경이 3~7마이크로미터이기 때문에 옷이 젖지 않는다고 설명했다. 작은 물방울이 조금씩 증발하여 표면 온도를 낮추어 주는 동시에 미세먼지를 줄이는 공기 정화 효과도 있다는 것이다.

이날 킨텍스에서 함께 열린 건축박람회 〈코리아 빌드〉에도 공기를 다스리는 기술이 여럿 등장했다. 경동나비엔 사원은

'에어원'을 열정적으로 설명하고 있었다. 집 안 한구석에 놓여 주변 공기만 정화하는 공기청정기와 달리 에어원 시스템은 천장 내부로 촘촘히 연결된 환기 통로를 활용해 공기를 실내 전체에서 빨아들이고 깨끗하게 정화해 준다는 것이 핵심이었다.

"이걸 설치하면 공기청정기 여러 대가 필요 없다는 거죠?"

한 남성의 질문에 그 사원은 모델 하우스 한쪽 벽에 붙어 있는 에어원의 콘솔을 조작하며 숙달된 말투로 대답했다.

"네, 그렇습니다. 모든 방에 공기청정기를 설치할 필요가 없습니다."

연일 계속되는 미세먼지 비상 상황에서도 일산 킨텍스는 맑은 공기에 대한 희망으로 가득 찼다. 에어테이머를 목에 걸면 내 코앞의 공기를 다스릴 수 있고, 포그머신을 마당에 설치하면 몇 사람이 같이 마실 분량의 공기를 얻을 수 있고, 에어원 시스템이 있으면 손가락 클릭 한 번만으로도 온 집 안 공기를 지킬 수 있을 것 같았다.

킨텍스에 총망라된 공기 기술은 이 땅에서 공기를 호흡하는 사람의 공기 수요를 충족하겠다는 포부를 숨기지 않았다. 개인 소비자는 물론 건설사와 지자체 관계자, 학교, 유치원, 어린이집, 요양원 시설 담당자 등 공기를 직접 관리하는 사람들과 공기 주머니를 설치해야 하는 사람들 모두 공기 기술의 고객이었다.

한 달 전인 1월 16일, 일산 킨텍스에서 50킬로미터 떨어진 경기도 포천에 등장한 공기 기술은 〈클린 에어 엑스포〉나 〈코리아 빌드〉에서 목격한 것과는 사뭇 달랐다.

국립환경과학원의 김정훈 연구사 팀은 과학원이 보유한 미세먼지 감시 드론을 들고 와서 소규모 공장 지대를 향해 띄웠다. 드론은 주변 공기를 흡입하는 펌프와 포집용 비닐봉지를 꼬리처럼 매달고서 공장 굴뚝 위로 뒤뚱뒤뚱 날아가 간신히 자리를 잡았다. 드론이 굴뚝 연기를 비닐봉지에 담아 돌아오자 김 연구사는 자신이 타고 온 개조된 미니밴의 트렁크를 열고 실시간 대기질 분석 장비에 비닐봉지의 좁은 입구를 꽂아 넣었다. 그러자 기체 안을 떠도는 에어로졸을 감지하는 스펙트로미터가 굴뚝에서 뿜어낸 온갖 화합물의 이름과 양을 명세서 뽑듯 줄줄이 읊었다.

굴뚝 연기로 인한 오염을 측정하는 '드론감시반' 활동은 환경부 소속의 과학 공무원들이 한반도 상공의 대기를 살 만한 상태로 유지하기 위해 수행하는 다양한 감시 업무 중 하나다. 제철소나 발전소처럼 오염 물질을 대량으로 뿜어내는 6백여 개 시설에서는 굴뚝에 부착된 관측기가 감시반을 대신해 오염 물질 배출량을 측정한다. 일산화탄소, 이산화황, 질소산화물 등을 5분에 한 번씩 측정한 값이 규정치를 넘으면 각 권역별로 지정된 '굴뚝원격감시센터'로 신호를 보낸다. 이곳에서 일하는 한국환경공단의 과학자는 상황판을 통해 권역의 대기 오염 현황을 한눈에 알 수 있다.

미세먼지에 대응하는 공기 기술이라는 공통점은 있었지만, 포천 공장 지대의 굴뚝을 감시하는 드론에는 '에어테이머'처럼 멋진 이름이나 화려한 모델도, 잘 디자인된 전단지도 붙어 있지 않았다.

은밀한 미세먼지 감지 활동은 대단한 홍보나 광고의 대상이 되지 못한다. 미세먼지를 감지하는 기술은 암행어사처럼 조용하게, 관제 요원처럼 꾸준하게, 기상 예보관처럼 침착하게 공기에 대한 정보를 모으고 분석한다.

2019년의 공기 나쁜 두 날에 경기도 두 지역에서 펼쳐진 공기 기술은 우리가 오염된 공기의 공포에 대응하는 두 가지 자세를 보여 준다. 한쪽에는 최첨단 공기 청정 시스템으로 대표되는 공기 기술이 있다. 이 기술은 개인이든, 가족이든, 직원이든 구획 지어진 공간 안에 있는 몇몇 인간에게 지금 당장 숨 쉴 만한 한 줌의 공기를 제공하려는 과학 기술이다. 각자가 나름의 형편에 따라 숨 쉴 만한 공간을 창출해서 두려움을 달랜다는 점에서 이것을 '각자도생의 공기 기술'이라고 부를 수 있다.

2019년 1월 16일 포천 소규모 공장 지대에서 굴뚝 연기를 감시하는 드론.
출처: 한강유역환경청

다른 한쪽에는 공기를 대한민국이라는 공동체를 구성하는 사람이면 누구나 향유하는 공공재로 보고, 그 질을 느리게나마 꾸준히 관리하려는 공기 기술이 있다. 이 활동은 누구에게나 공통적으로 해당되는 공기의 조건을 개선하려고 시도한다는 점에서 '공동체의 공기 기술'이라 할 수 있다. 2019년 한국의 공기풍경에는 공기에 대한 상반된 자세들과 그것을 구현하는 상이한 기술들이 뒤섞여 있다.[3]

공기 공포의 역사

대한민국을 덮친 공기에 대한 공포는 2010년대의 미세먼지가 처음이 아니다. 1970년 6월 『경향신문』 기사가 적절히 표현한 것처럼 "기승부리는 현대의 공포"인 대기 오염은 "1960년대 초부터 고개를 치켜들기 시작해" 시대에 따라 그 종류와 양태를 바꾸어 가며 등장했다. 이에 대한 사회적 반응 역시 오염으로부터 내 몸을 피할 한 줌의 공간을 만들어 내는 일과 공동체의 공기를 개선하기 위해 노력하는 일이라는 두 갈래로 늘 나뉘어져 왔다.

1970년 6월 서울지방법원은 역사적 판결을 내렸다. 서울 서대문구 홍제동에 사는 30세 최헌민 씨는 자신이 걸어서 출근하는 무악재 옆으로 매일 심한 매연을 뿜는 버스가 지나다니는 것에 분노해 서울지방법원에 해당 버스의 운행 중지를 청구했다. 법원은 삼미운수 등 3개 시내버스 운수 회사에 매연 정화 장치인 가스 정화기를 달기 전까지 버스 운행을 중단하라는 명령을 내렸다. 이 가처분 소송은 법원이 매연으로 인한 시민의 피해를 최초로 인정한 사건으로 기록되었다. 매일 매연으로 고통받는 일을 "인격권의 침해"로 인정하면서 당시 법원은 대기 오염이 대한민국이라는 정치 공동체가 더 이상 좌시할 수 없는 문제가 되었다고 선언했다.

1970년대에는 가정에서 배출하는 대기 오염 물질을 줄이기 위한 다양한 대책이 등장했다. 가령 1978년에 서울시는 당시 80만 채의 가정집 중 4만 채만 사용하던 LPG 도시가스의 공급을 50만 채로 대폭 확대하는 계획을 세웠다. 석탄을 LPG로 바꾸는 정책은 불완전연소를 줄여 서울을 비롯한 대도시 대기 오염도를 크게 낮추는 데 기여했다.

경제적 여유가 있는 사람들은 보다 즉각적인 방법을 찾았다. 바로 "탈공해지역"에 새로운 집을 마련하는 방법이었다. 1973년 10월 건축 설계가 윤봉원 씨는 잡지 『새가정』에 기고한 글에서 공해를 피해 새로운 주택을 마련할 때 집의 디자인보다 더 중요한 것은 "자연을 곁들일 수 있는 여유 있는 대지를 구입"하는 일이라고 안내했다. 경제력이 충분하지 못해 새 집을 구하지 못하는 사람들이야 공해를 피할 방법이 없지만, 여유 있는 사람들의 경우 "기계 같은 하루의 생활에 피로를 잠시나마 잊을 수 있다"는 점을 감안해 해 볼 만한 투자라는 것이 그의 생각이었다.4

민주화 운동이 활발하던 1980년대 후반에는 정부의 미온한 환경 정책에 대한 불만이 예술 작품의 틀을 빌려 뿜어져 나왔다. 1984년 7월 극단 '연우무대'는 날이 갈수록 심해지는 공해에 대한 풍자 마당극 〈나의 살던 고향은〉을 처음 무대에 올렸다. 아황산가스, 매연, 수은 등 유독 가스를 의인화한 등장인물들이 서로가 얼마나 독한지를 겨룬다는 내용의 이 창작극은 당시

1986년 아시안게임과 1988년 올림픽의 성공을 위해 수도권 대기 정화에 총력을 기울이던 전두환 정권의 미움을 샀다. 이 공연에 등장하는 한 인물이 당시의 국민가요 〈아!대한민국〉을 〈아!공해민국〉으로 개사해 불러("하늘엔 유독 가스 떠 있고/강물엔 중금속이 흐르고/도시는 매연으로 뒤덮여/농촌은 농약에 찌들어/공해로 사라지는 곳/아아 공해민국 사양하리라"), 연우무대는 연극 사상 처음으로 6개월 공연 정지 처분을 받았다. 민주화 운동과 공해 추방 운동의 열기가 함께 뜨거웠던 1987년 9월이 되어서야 이 연극은 공해반대시민운동협의회 창립 1주년을 기념해 다시 무대에 올랐다.

1990년대에는 석탄 같은 값싼 연료에서 나오는 아황산가스와 비산먼지는 줄었지만 자동차에서 주로 발생하는 질소산화물이 늘어나면서 오존 농도가 높아졌다. 소위 선진국형 대기 오염으로 불리는 'LA 스모그'가 서울에서 발생하여 충격을 주기도 했다. "후진국형 대기 오염에서 벗어나 선진국형으로 진입했다"는 『매일경제신문』의 보도에서는 자동차 보급과 산업화의 결과에 대한 묘한 자부심이 엿보인다. 선진국이라면 한 번쯤 감당해야 할 공포라는 것이다. 이 무렵 대기 오염을 논하는 사람들은 서울의 오염된 공기를 전 세계적인 환경 오염의 일부로 인지하게 되었다. 대기 오염은 "단순한 특정 지역, 특정 국가, 당시대에 국한된 것이 아니라 인류를 포함한 모든 지구 생명체의 생존 자체를 위협"하고 있으며 "오늘날 지구촌의 이곳저곳에서 나타나는 공해는 전쟁보다 더 가공할 공포심을 인류에게 안겨주고 있다"는 것이었다. 대기 오염은 '지구촌'이라는 거대한 공동체에

대한 감각을 일깨우는 역할도 했다.5

2000년대 들어 심해진 황사에 대한 공포는 대기 오염이 경계를 초월하는 탈지역적 문제라는 사실을 더욱 확연하게 드러냈다. 중국과 몽골에서 기원해서 서풍을 타고 한국과 일본으로 넘어오는 '누런 공포'는 어떤 국가도 혼자서는 해결할 수 없는 문제였기 때문이다.

1999년 1월 13일에는 최재욱 환경부 장관, 시에젠화 중국 환경보호총국 장관, 마나베 겐지 일본 환경청 장관 등 삼국의 환경 담당 장관들이 서울 조선호텔에서 만나 '1차 환경장관회의'를 갖고 국제 협력을 강화해 나가자는 내용의 공동발표문을 채택했다. 한중일은 또 2000년부터 황사를 비롯한 여러 대기 오염 물질의 장거리 이동을 추적하는 공동 연구를 시작해서 질산염의 국가별 기여도를 산출해 내기도 했다.

하지만 동북아를 하나의 '호흡 공동체'로 묶어 내려는 정치적·과학적 시도는 20년 동안 뚜렷한 성과를 내지 못했다. 매년 열리는 환경부 장관들의 만남은 각국의 의지를 재확인하는 수준에 그쳤다. 연구를 위한 데이터를 서로에게 제공하지 않는다거나 결과 발표에 반대하는 등 각국의 이해관계에 따라 연구가 지지부진해지는 경우도 많았다.

공기 공동체를 유지하려는 정치적·과학적 작업이 더디게 나아가는 동안, 황사 속에서 자기 몸을 지키려는 각자도생의 공기 기술이 빠르게 성장했다. 황사가 기승을 부린 2003년 봄에는 공기청정기 보급률이 1년 만에 두 배로 급증하면서 공기 가전 시장이 역대 최대의 호황을 맞았다. 황사와 세균을 막는 특수 마스크도 "없어서 못 팔 정도"였다. 당시 신세계 이마트 관계자는 "황사 철이 다가오는 데다 사스 발병 우려까지 겹치자 황사 전용 특수 마스크가 반짝 특수를 누리며 물량이 조기 매진돼 추가 주문을 해 놓은 상태"라며 매출 급증에 대한 기대감을 감추지 못했다.

각자도생의 공기

2019년의 미세먼지 사태는 과거보다 더 극적인 방식으로 전개되었다. 사람들은 부직포로 만든 황사 마스크로 만족하지 못하고 더 강력한 방진 마스크를 일상에서 착용하기 시작했다. 사상 처음으로 엿새 연속 미세먼지 저감 조치가 시행되었던 2019년 3월 초에는 방진 마스크의 인기도 절정에 달했다. 저감 조치 시행 닷새째였던 3월 5일 온라인 쇼핑몰 옥션이 발표한 내용에 따르면, 2월 25일부터 3월 3일까지 일주일 동안 옥션을 통해 거래된 방독·방진 마스크 물량은 전주 대비 75퍼센트, 전년 동기 대비 25퍼센트 증가했다.[6]

좌우로 필터가 하나씩 달린 방진 마스크를 착용하고 외출하는 사람들의 모습은 방독면을 쓴 병사들이 대거 전쟁터로 나가던 제1차 세계 대전의 공기풍경을 떠올리게 한다.[7] 공기를 호흡하는 데 공포를 느끼고 살아남기 위해서는 방독면을 써야 했던 병사들처럼, 미세먼지의 공습에 맞닥뜨린 사람들은 가장 좋은 필터가 달린 마스크를 찾아서 자기 얼굴 앞 공기를 외부로부터 분리하려 했다.

2010년대는 얼굴을 꼼꼼히 덮으면서도 불편하지 않은

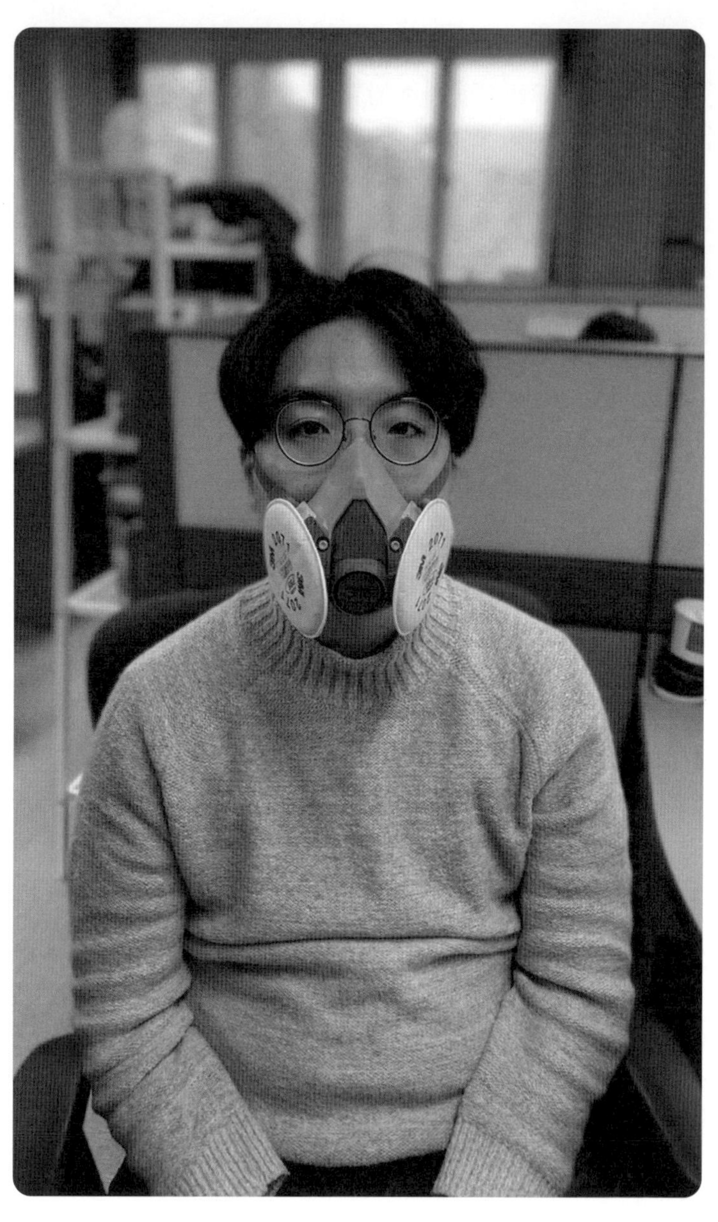

대전광역시 초미세먼지 농도가 100μg/m3를 웃돌던 2019년 3월 6일, 한 대학원생이 이제 막 택배로 도착한 3M사 방진 마스크를 착용해 보고 있다. 사진: 김희원

제1차 세계 대전 '화학 전쟁' 방독면

마스크를 만드는 기술 개발이 활발했던 시기로 기록될 것이다. 특허청에 따르면, 2014년부터 2018년까지 5년간 미세먼지 마스크 특허 출원은 연평균 134건으로, 그 이전 5년간(2009~2013) 연평균 60건보다 두 배 이상 많았다.

마스크의 성능을 평가하고 인증하는 새로운 제도도 운용되고 있다. 식품의약품안전처는 2008년부터 '황사 마스크'라는 이름으로 판매되는 마스크의 품질 검증을 위해 안면부 흡기 저항 시험, 분진 포집 효율 시험, 누설률 시험을 시행하고 있다. 얼굴과 얼굴 바로 앞의 공기가 집중적인 분석 대상이 된다. 가령 누설률 시험에서는 매끄럽게 면도를 한 피시험자가 마스크를 쓰고서 염화나트륨 에어로졸이 든 작은 방에 들어가 러닝머신 위를 걷는다. 피시험자가 지시에 따라 고개를 돌리거나 말을 하는 동안 마스크 안과 밖의 염화나트륨 농도를 측정하고 이를 공식에 대입해 누설률을 계산한다.8

마스크와 더불어 공기 기술, 공기 마케팅을 이끌고 있는 것은 공기청정기다. 2019년 초부터 4월까지 공기청정기 매출액은 전년 대비 110퍼센트 늘어난 것으로 집계되었다. 이에 못지않게 흥미로운 변화는 다른 여러 가전 기기가 공기청정기를 중심으로 하는 미세먼지 대응 제품군으로 편입되고 있는 것이다.

가전제품 전문 매장인 롯데하이마트가 2019년 3~4월 전국 460여 개 매장에서 실시한 '미세먼지 철벽방어' 판촉 행사는 이런 경향을 잘 보여 준다. 행사 기간 동안 일선 하이마트에 배포된 LG전자 전단지는 자사 제품을 사용하는 고객들의 하루 일과가 얼마나 미세먼지로부터 자유로울 수 있는지 강조했다. 아침에는

LG 디오스 전자레인지로 "유해가스 배출 없이 빠르고 건강한 식사"를 하고, 점심에는 LG 코드제로 청소기의 "5단계 미세먼지 차단 시스템으로 건강하게 청소"를 하고, 저녁에는 LG 트롬 건조기의 "2중 안심필터로 먼지까지 해결"한 다음, 옷에 남아 있는 먼지는 LG 스타일러로 깨끗하게 없애면 된다는 식이다.

사내에 공기 연구를 전담하는 연구소를 차리는 것은 가전업계의 새로운 트렌드가 되었다. LG전자의 '공기과학연구소'를 시작으로 삼성전자의 '미세먼지연구소', 코웨이의 '공기연구소' 등이 대표적 사례다.

코웨이 공기연구소는 각 가정의 사물 인터넷 기기에서 생성된 공기 질 빅데이터를 바탕으로 사람들이 실제 거주하는 환경의 공기 질을 상세하게 파악했다고 주장해 눈길을 끌었다. 코웨이 연구 팀은 무려 110억 개의 실내 대기 오염 정보를 상세히 분석하여 같은 실내 공간이라도 시간대, 공간 구조, 활동의 종류에 따라 공기 오염의 종류가 다르다는 사실을 규명했다고 했다. 활동량이 많은 거실에는 미세먼지 농도가 가장 높은 반면 체류 시간이 긴 안방에서는 이산화탄소 농도가 더 높게 나타난다는 식이다. 코웨이 시스템은 아이가 거실에서 뛰어놀 때 가까운 곳을 빠르게 정화하는 '멀티순환' 모드와 엄마가 주방에서 요리할 때 먼 곳을 강력하게 정화하는 '집중순환' 모드 같은 것을 지원한다고 밝혔다.

한시적인 공기 주머니를 만들어서 미세먼지를 피하는 접근 방식은 마음 급한 소비자들뿐만 아니라 성난 시민을 만족시켜야 하는 정책 입안자들에게도 매력적인 대안으로 여겨지고 있다.

학교 내 미세먼지 대책을 마련하라는 학부모들의 거센 압박에 직면한 교육부는 2018년 4월 '학교 고농도 미세먼지 대책'을 세우고 2020년까지 전국 모든 유치원과 초등학교, 특수학교에 공기청정기와 미세먼지 측정기를 보급하겠다는 계획을 발표했다. 향후 3년에 걸쳐 10만 946개 교실에 공기 정화 장치를 보급하는 데에는 무려 2,200억 원이 소요될 것으로 추산되었다.

교실이라는 신시장을 기회로 인식한 공기청정기 업계의 후발 주자 LG전자는 발 빠르게 과감한 투자를 결정했다. 전국의 초·중·고교에 150억 원에 상당하는 LG전자의 대용량 공기청정기 1만 대를 무상 지원 하기로 한 것이다. 여러 언론이 "통 큰" 선행으로 보도한 LG전자의 기부는 이 회사가 국내 여러 공기청정기 조달 사업에서 막대한 이익을 얻고 있을 뿐만 아니라 수많은 공장을 가동하며 대기 오염 물질을 배출하는 주체라는 사실을 가려 버렸다.

실내 공기 질을 연구하는 전문가들은 교실을 공기 주머니로 만들려는 교육부의 계획이 과연 실효성 있는 것인지 의문을 품었다. 경희대학교 조영민 교수 연구진은 2018년 2월 20일에 열린 '깨끗한 학교 실내 공기 마련을 위한 정책토론회'에서 경기도교육청의 의뢰를 받아 실시한 초등학교 교실 내 공기 정화 장치의 효과에 대한 현장 조사 결과를 발표했다.[9] 연구진은 2017년 11월부터 12월까지 공기청정기가 가동된 35개 초등학교 61개 교실의 공기 질을 분석한 결과 정화 장치의 효과가 기대에 훨씬 못 미쳤다고 설명했다. 공기청정기가 줄일 수 있는 실내 미세먼지는 최대 30퍼센트 정도에 불과했지만, 미세먼지를 막겠다며 장시간

창문을 열지 않을 경우, 교실 내 이산화탄소 수치가 위험할 정도로 급증하는 심각한 역효과가 발생했다는 것이었다.

일선 현장에서는 교육 현실과 맞지 않는 공기청정기 보급 계획에 대한 불만도 터져 나왔다. 갑자기 관리해야 할 기기 숫자가 늘어난 학교에서는 공기청정기의 필터를 갈고, 비품을 구매하고, 망가진 부분을 고치고, 켜고 끄는 시점을 관리하는 일이 보건 교사의 소관인지 행정실의 소관인지를 두고 다툼이 일어나기도 했다. 학교라는 장소의 공기 특성을 파악하지 못한 것도 예상치 못한 문제를 불러일으켰다. 아파트와 달리 학생들이 끊임없이 드나들며 먼지가 수시로 발생하는 교실에서는 외부 공기가 자주 유입되어 공기청정기의 정화 효과가 떨어질 뿐만 아니라 필터를 훨씬 자주 갈아 주어야 하는 문제가 발생한 것이다. 전교조는 "냉난방기 비용을 충당하기도 벅찬 학교 입장에서 공기청정기 필터는 새로운 부담"이 되었다고 하소연했다. 전교조는 학교 공기 질이 문제라면 정화 장치 숫자에만 집중할 것이 아니라 노후 학교 리모델링이나 학교 녹지율 향상 같은 복합적인 대안을 모색하자고 제안했다. 미세먼지를 교실 안의 문제로 한정할 것이 아니라 학교가 위치한 지역 사회와 지방자치단체가 함께 해결해야 할 공동체의 문제로 인식하자는 말이었다.

미세먼지를 얼굴과 거실과 교실 단위의 작은 공기에서 몰아내려는 기술은 그 어느 때보다 빠르고 세련되게 발전하고 있다. 사람들은 각자의 손이 미치고 경제력이 허용하는 범위에서 마스크와 공기청정기를 동원하여 미세먼지 사태를 살아 넘기려 한다. 또 미세먼지 공포 속에 생활하는 국민에게 공기 정화 시설을 갖춘 작고 쾌적한 공기 주머니를 제공하는 일은 정부가 당장 할 수 있는 우선적이고 어쩌면 유일한 대책으로 상상된다. 마스크와 공기청정기는 단지 생활 제품, 가전제품이 아니라 정부의 중요한 미세먼지 정책 도구가 되었다.

그러나 미세먼지 사태에서 과학 기술의 역할은 거기서 멈출 수밖에 없는가? 마스크와 공기청정기와 건조기와 스타일러의 힘이 미치지 못하는 곳의 미세먼지, LG전자와 삼성전자와 코웨이의 공기 연구소가 연구하지 않는 더 큰 공기는 누구의 손에 맡겨지고 있는가?

호흡 공동체를 위한 공기 과학

어린이날인 2016년 5월 5일의 미세먼지 농도는 21μg/m³, 초미세먼지 농도는 64μg/m³로 '나쁨' 수준이었다. 미세먼지와 함께 옅은 황사가 예고됐음에도 전국 야구장에는 11만 4,058명이라는 프로야구 역사상 가장 많은 관중이 모였다.

서울 잠실 야구장이 있는 송파구의 하늘에는 미국항공우주국(NASA, 나사) 마크를 단 더글라스사 DC-8 항공기가 떴다. 이 비행기는 서울시 광진구와 구리시 사이에 위치한 아차산 상공으로부터 남쪽으로 천천히 하강하며 한강과 올림픽공원을 지나 성남시에 있는 서울공항(성남 공군 기지)으로 향했다. 그런데, 활주로에 안착하나 싶더니, 다시 기수를 올려 공중으로 떠올랐다. 비행기는 광주시 태화산의 서울대학교 학술림에 도착한 뒤, 빙글빙글 나선을 그리며 솟구치기 시작했다. '스파이럴' 상승을 하던 비행기는 7킬로미터 상공에서 회전을 멈추고 오산 공군 기지로 날아갔다.

이상한 비행의 주역은 나사의 대기 연구용 항공기였다. 150명을 너끈히 태울 수 있는 동체에 26개의 기체 분석 장비를 빼곡히 채운 '날아다니는 실험실'이었다. 극지방의 오존 농도나 대서양의 허리케인 같은 극한 상황의 대기를 연구해 온 이 최첨단 비행기가 대한민국 서울 도심에 등장한 것은 국립환경과학원과 나사가 공동으로 실시한 한미 공동 대기질 연구(KORUS-AQ: Korea-United States Air Quality Study)에 참여하기 위해서였다. 한국의 극심한 미세먼지가 언제, 어떻게, 왜 만들어지는지 상세히 규명하려는 이 연구에는 한국과 미국의 80여 개 기관 소속

KORUS-AQ에 사용된 나사의 대기 연구용 항공기 DC-8. 출처: 나사

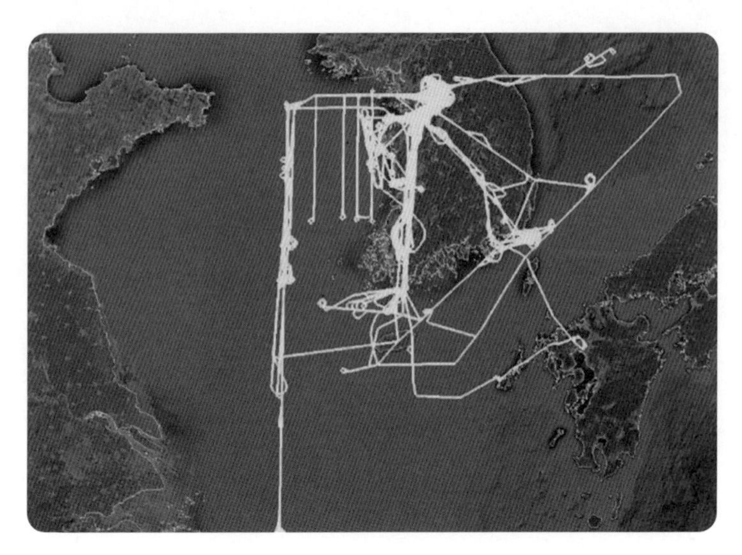

2016년 5월과 6월에 걸쳐 미세먼지 항공 측정을 실시한 DC-8의 항로. 출처: 나사

대기과학자 약 580명이 참여했다. 대한민국 최대 규모의 미세먼지 관측 연구였다.

DC-8을 포함해 KORUS-AQ에 참여한 항공기 세 대는 대한민국의 대기 전체를 실험 대상으로 삼아 2016년 5월 2일부터 6월 10일까지 총 23회 측정 비행을 시행했다.

KORUS-AQ가 2017년에 발간한 '예비종합보고서'에는 연구진이 알아낸 중요한 사실들이 적혀 있다. 가장 충격적인 결과는 대기 오염 배출원 조사 목록(인벤토리)이 허술하게 관리되어 왔다는 점이다. 연구 기간 중 충청남도 서산시 상공을 비행한 킹에어 항공기는 대규모 화학 공장이 많이 분포된 이 지역에서 기존에 알려진 것보다 몇 배나 높은 화학 물질 농도를 측정했다. 이 지역의 휘발성 유기 화합물 배출량을 새로 추정하니 기존에 보고된 연간 2만여 톤의 세 배에 달하는 연간 6만 톤의 화합물이 배출되는 것을 파악할 수 있었다.

이들은 또한 국내에서 배출되는 휘발성 유기 물질이 미세먼지의 가장 큰 비중을 차지한다는 것을 알아냈다. 이러한 측정 결과는 미세먼지를 저감하려면 무엇보다도 다양한 유기 물질을 줄여야 한다는 것을 뜻한다. 이를 바탕으로 시뮬레이한 결과 방향성 탄화수소, 그중에서도 건설용 페인트에 많이 쓰이는 톨루엔이 오존 생성에 가장 큰 기여를 하는 것으로 나타났다. 따라서 연구진은 여러 미세먼지 유발 물질 중에서도 톨루엔을 규제하고 관리하는 일이 가장 효율적인 미세먼지 저감 정책이라고 봤다.

KORUS-AQ는 또 자동차와 발전 시설이 주로 배출하는 물질인 질소산화물이 오존과 '비선형적' 관계를 가진다는 사실을 지적했다. 측정 결과 서울 대도시권의 상공에는 질소산화물이 이미 포화된 상태로 과다하게 존재하기 때문에 이를 줄이는 정책은 대기 오염 저감에 즉각적인 효과가 없으며, 심지어 단기적으로 오존을 증가시켜 수도권의 오염도를 악화시킬 수도 있다고 했다. 물론 질소산화물은 장기적인 공기 질 관리를 위해 꾸준히 감축해야 하지만, 대기 오염이 심각한 날에는 저감 대상으로 삼는 데에 신중해야 한다는 얘기였다. 이렇듯 직관적으로는 쉽게 이해되지 않는 복잡한 광화학적 과정을 반복적인 관측으로 규명한 KORUS-AQ는 대기 정책을 입안하는 사람들에게 유용한 다수의 사실을 밝혀냈다.

그러나 이 사실들은 국내에서 주목받지 못했다. 2017년 9월 정부가 발표한 미세먼지 종합 대책에는 톨루엔과 같은 휘발성 유기 화합물에 대한 대책을 찾기 힘들었다. 오히려 이 종합 대책의 일부는 KORUS-AQ가 찾아낸 사실과 배치되는 것처럼 보이기도 한다. '석탄 발전소 4기의 액화천연가스(LNG) 등 연료 전환 추진 협의', '노후 석탄 발전 임기 내 폐지 및 환경을 고려한 봄철 일시 가동 중단 실시', '노후 경유차 임기 내 77퍼센트 조기 폐차 등 저공해화', '친환경차 보급 확대' 등의 대책은 모두 KORUS-AQ가 과잉이라고 지적한 질소산화물을 줄이는 데 초점을 둔 대책이었기 때문이다.

한국공학한림원, 한국과학기술한림원, 대한민국의학한림원이 2018년 1월 공동으로 발간한 미세먼지 보고서도 이 문제를 지적했다. "KORUS-AQ를 포함한 기존 국내외 연구에서 수도권은 질소산화물이 과다하게 배출되어, 질소산화물 배출만을 줄일 경우 미세먼지와 오존 농도가 올라갈 가능성이 높은 것으로 나타나" 있음에도 불구하고 질소산화물 배출 저감은 매우 강력하게 추진되는 반면 휘발성 유기 화합물 배출 저감 대책은 구체적이지 못하다는 것이다.10 미세먼지 정책이 공기 과학 연구의 결과와 다른 방향으로 나아가고 있었다.

내 코앞의 공기, 각자도생의 공기가 아니라 한반도의 공기, 호흡 공동체의 공기를 다루는 과학은 비싸고 느리다. 공동체의 공기를 연구하는 과학은 내 코앞과 내 집 안의 공기를 맑게 지켜 주겠다는 식의 매력적인 약속을 내놓지도 못한다. 한국의 하늘과 바다와 땅을 휘젓고 다니며 측정하고 분석해도, 그 결과가 실행 가능한 정책으로 전환되는 과정에는 난관이 많았다.

엇갈리는 응답

각자도생의 공기는 바깥 공기가 들어오지 못하도록 문을 걸어 잠그고, 손쉽게 통제할 수 있는 작은 공간을 끊임없이 만들어 내면서 유지된다. 공동체의 공기를 지키는 일은 이렇게 획득한 각자도생의 공기를 모두 더하는 것으로 실현되지 않는다. 공기 오염을 잘 측정하고, 오염 물질을 잘 거를 수 있는 헤파 필터를 개발하고, 정교한 시뮬레이션 기술을 갖춘다고 해서 내 방, 우리 집을 넘어서는 우리 동네, 우리 나라, 혹은 '동북아 호흡 공동체'의 공기를 잘 관리할 수 있는 것은 아니기 때문이다. 여기에는 최첨단 공기 청정 시스템을 개발하는 것 외에도 국내외 관계자가 협력하는 사회적·정치적 기술이 필요하다. 협상과 협력은 공기를 공유하고 있는 사람들이 모여 머리를 맞댈 때, 그래서 안과 밖, 나와 너의 경계를 허물 수 있을 때에 비로소 시작된다.

2019년 2월 21일 〈클린 에어 엑스포〉가 열리고 있던 킨텍스의 3층 그랜드볼룸에서는 미세먼지 정책 설명회가 있었다. 환경부의 이정용 미세먼지 대응책 TF 과장이 연단에 올라 공공의 공기를 깨끗하게 관리하기 위한 방안을 발표했다. 여덟 명의 토론자가 무대에 올랐다. 대기환경학자, 화학생명공학자, 시민 단체 대표, 보건환경연구원 원장, 환경재단 소속 변호사, 서울연구원 연구위원, 지속가능경영원 환경정책실장 등이었다. 미세먼지 문제 해결에 환경 전문가의 참여가 충분하지 않다는 지적, 초미세먼지의 심각성을 알릴 수 있는 새로운 이름이 필요하다는 제안이 나왔다. 과학적으로 해결 가능한 문제이므로 국내외의 모든 과학적 수단을 동원하자는 주장도 있었고, 더 체계적인 관리와 정책이

절대적으로 필요하다는 의견도 있었다. 경험, 배경, 전문 분야가 다른 토론자들의 생각은 한 방향으로 모이지 못했다.

오후 5시 16분, 토론회에 참석한 사람들의 핸드폰이 일제히 울렸다. 다음 날 시행될 미세먼지 비상 저감 조치를 알리는 긴급재난문자였다. 어떤 공기를 어떻게 관리해야 하는지에 대한 생각은 모두 달랐지만, 거기 모인 토론자와 청중 모두 하나의 재난 문자 통신망으로 연결되어 있는 호흡 공동체의 구성원이었다.

나흘 뒤인 2월 25일 한국과학기술회관에서 열린 〈제1회 미세먼지 국민포럼: 미세먼지, 얼마나 심각하고 무엇이 문제인가〉에서도 '미세먼지 이슈'와 '해결책'은 단일하지 않았다. 미세먼지가 발생하는 원인이 복합적이라는 말이 아니라, 발제자마다 짚는 문제가 판이하게 달랐다는 뜻이다. 다만, 포럼에서 확인한 것은 인간의 몸, 인간의 사회, 그 사회를 조정하기 위한 정책 등 모든 문제가 미세먼지와 엮일 수 있다는 점이었다.

미세먼지 오염은 환경부에서 '미세먼지'라는 용어를 채택한 2014년에 갑자기 시작된 것이 아니다. 환경부 푸른하늘기획과 이정용 팀장은 미세먼지 문제를 중국과의 관계로 해석하는 대신 과거 한국 사회의 우연과 필연이 누적되어 생긴 결과로 보았다. 즉, 경제 개발을 우선시한 정책, 미세먼지를 통합적으로 관리하기에 부족한 과학, 오염원을 실질적으로 관리하지 않는 관행 등이 오랜 시간 층층이 쌓여 생긴 결과물이라는 것이다. 수원대학교 에너지공학부 장영기 교수도 "우리의 미세먼지 개선은 획기적인 대책이 없어서 잘 안 되는 것이 아니라 기존 대책들이 현장에서 제대로 이행되는지 제대로 점검하지 않기 때문"이라고 짚었다.[11]

이해관계자들의 협업이 필요한 해결책은 느리고 답답하다. 각자도생의 공기를 제공하는 것에 그치지 않고 공동체의 공기를 연구하고 관리하는 기술에 더 많은 공적 자원을 투입하는 결정은 그래서 더 어렵다. 국민포럼 발제를 맡은 장임석 국립환경과학원 대기질통합예보센터장은 한국과 중국이 같은 대기를 공유하고 있고, 중국의 오염원 분석 기술이 무시하지 못할 정도로 성장했다며 "이제는 우리가 응답할 때"라고 말했다. 과학 기술과 인간과 지구의 관계를 고민하는 철학자 도나 해러웨이의 말처럼 무엇에 응답하는 능력(response-ability)이 곧 책임감(responsibility)을 뜻한다면, 오염된 공기에 대한 응답은 우리가 스스로를, 그리고 타인을 얼마나 책임지려 하는지를 드러낼 것이다.

공기 공포의 미래

2019년 4월 15일 정오, 미세먼지 농도는 47μg/m3, 초미세먼지 농도는 15μg/m3였던 서울 종로구 광화문광장. 꽃놀이를 가도 될 만큼 맑은 날, 미대촉 회원들은 광장에 모였다.

7차 집회 때와는 달리, 8차 집회 참가자들은 청와대로 행진하는 대신 무대에서 각자의 경험을 풀어놓았다. 경기도에서 강원도로 이사를 간 가족, 놀이터의 즐거움을 모르는 아이의 이야기가 마이크를 타고 울려 퍼졌다.

아이 학교에 가서 몰래 공기 오염 수치를 재고 온 학부모도 있었다. 그는 공기청정기를 틀어 놓았는데도 쉬는 시간에 문을 여는가 하면, 선생님들이 공기청정기 조작 방법을 모른다며 아쉬워했다. 학원에 공기청정기가 없어 아이에게 휴대용

미대촉 8차 집회에서 참가자들이 구호가 적힌 피켓을 들고 아이의 발언을 듣고 있다.
사진: 김희원

공기청정기를 들려 보내기도 했다고 말했다. 그러면서 아이가 다니게 될 어린이집 등에 공기청정기를 들여놓기 위해서는 "일 년 전부터 조직적으로 준비해야 한다"고 조언했다. 공기청정기는 누구에게나 공기 관리와 미세먼지 대책의 핵심이었다. 공기청정기가 없는 공간은 그 자체로 건강에 무책임한 곳이 되었다.

이날 집회에 참여했던 한 미대촉 회원은 네이버 카페에 후기를 남겼다. "정말 공기가 중요하다면 집회도 직접 체험을 해 보는 것을 권해 드립니다. 그것만이 알 수 있는 가장 빠른 길이라 생각됩니다."

그 '빠른 길'이 우리를 어디로 이끄는지, 그 길의 끝에서 만날 세상에 만족할 수 있을지는 아직 모른다. 교실마다 공기청정기를 설치하고, 오염된 공기가 새어 들어오지 않도록 창문을 이중 삼중으로 밀봉하고, 미세먼지 기준을 선진국보다 높이면 맑은 공기를 찾아 이사 가지 않아도 되는 것일까. 아이들이 천식으로 고생하지 않고 놀이터에서 맘껏 뛰놀 수 있게 될까. 파란 하늘을 되찾을 수 있을까. 그러면 우리는 공기를 덜 무서워하게 될까.

1 이 글은 「공기풍경 2019: 한국인은 어떤 공기를 요구하고 연구하고 판매하는가」(『에피』 8, 이음, 2019)와 『호흡공동체』(창비, 2021)의 축약본이다. 더 자세한 내용과 진전된 논의는 『호흡공동체』를 참고하기 바란다.

2 이 글에 쓰인 모든 미세먼지 수치는 에어코리아 홈페이지 공시 데이터를 참고하였다. https://www.airkorea.or.kr/web.

3 전치형, 「두 공기 이야기」, 『한겨레』, 2019.3.22.

4 윤봉원, 「공해시대의 안식처」, 『새가정』, 1973.10, 105~106쪽.

5 「'지옥의 묵시록' 지구촌 오염」, 『경향신문』, 1990.4.16.

6 심성미 외, 「뿌리는 지리산 산소, 물고 다니는 공기청정기」, 『한국경제신문』, 2019.3.5.

7 Peter Sloterdijk, *Terror from the Air*, MIT Press, 2002.

8 바이오생약국 화장품심사과, 『황사방지용 및 방역용 마스크의 기준 규격에 대한 가이드라인』, 식품의약품안전청, 2009.

9 「교실 공기청정기 효과있을까?… 미세먼지 대책 실효성 논란」, 『연합뉴스』, 2018.4.8.

10 한국공학한림원 외, 「미세먼지 문제의 본질과 해결방안 (2) 미세먼지 어떻게 해결할 것인가?」, 2018.1, 15쪽. https://www.naek.or.kr/home_kr/content.asp?page_no=050101&Lang_type=K&VIDX=6209.

11 장영기, 「미세먼지 저감정책의 방향」, 『제1회 미세먼지 국민포럼 자료집』, 2019.2.25, 76쪽.

상상

인류세 너머의 지구?

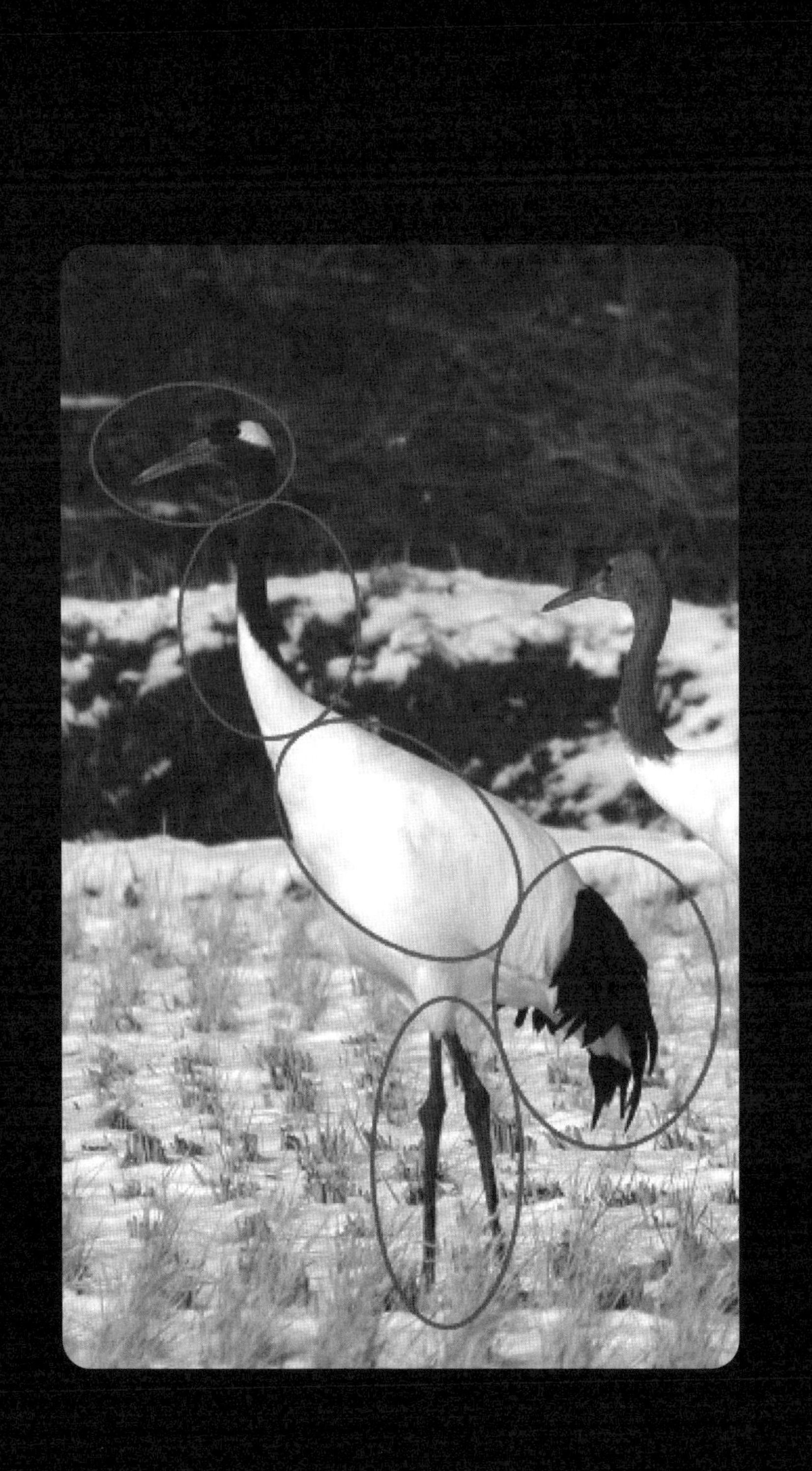

인류세는 익숙한 시공간 개념을 뛰어넘는다. 5년, 10년처럼 일상의 시간대가 아닌 지질시대의 시간대를 의식해야 하고, 우주로 나가 총체적인 시스템을 갖는 행성으로서의 지구를 조망해야 한다. '상상'은 행성으로서의 지구와 지구에서 역동하는 행위자들에게 새로운 역할을 부여한 상상을 펼쳐 놓은 장이다. 지구를 인간과 비인간 동식물, 기술, 자연 등이 영향을 주고받는 총체적 시스템으로 볼 때, 우리는 인류세를 헤쳐 나가는 새로운 길을 볼 수 있을 것이다.

인문사회학자와 공학자로 구성된 인간, 두루미라는 비인간 동물, 그리고 머신 러닝을 하는 인공지능이 AI 생태학자를 만드는 과정을 최명애가 기록했다. 다종적인 결합을 보여 주는 흥미로운 관찰기다. 이다솜은 세계 전기 사용량의 1.8퍼센트를 소비하고, 인구 3만~5만 명의 소도시에 필요한 양의 용수를 당겨쓰는 데이터 센터 폭증 시대에 개인 차원에서 기여할 대안으로 데이터 기부를 상상해 본다. 정보 과잉의 시대에 데이터의 노이즈를 줄이는 것 또한 기후 행동이지 않을까? 강남우도 인공지능을 이용한 제품 설계가 자원 사용을 최소화하고 에너지 효율성을 높이는 등 환경 영향을 크게 줄일 수 있음을 보여 준다. 김동주는 인류세의 지평을 우주로 확장하여, 우리가 착목하여 사유할 지점을 표시한다. 인류세라는 개념이 나오면서 지구는 비로소 행성의 자리를 취득했다.

마지막으로 매립을 마친 경기도의 한 쓰레기장 시추 작업에 참여한 이소요는 물질의 순환에 대한 예술적 통찰을 던진다. 인류세 들어 인간에 의해 선택된 소수의 물질과 플라스틱 같은 인공 물질이 지구를 채웠다. 다원적 관계를 맺던 순환 과정도 단조로워졌다. 우리 일상에 널린 검정 비닐봉지는 썩지 않고 축적되어 장차 우리 삶을 위협하는 잠재적인 재난을 떠올리게 한다. 그런데, 쓰레기장에서 채취한 수십 년 전 검정 비닐봉지는 어떠한 작용에 의해 분해되어 있었다. 쓰레기장 지층을 작품으로 남기면서 그는 묻는다. 플라스틱은 흙이 될 수 있는가?

생태 인공지능 만들기가 우리를 연결했다

최명애

연세대학교 문화인류학과 조교수.
다종인류학, 인간 너머 지리학과
정치생태학의 접근법을 이용해 야생
동물 및 자연 보전을 연구하고 있다.
고래 관광과 포경, DMZ 두루미, 디지털
기술을 이용한 자연 보전, 생태 관광
등을 연구했다.

행성적 위기를 탐지하고 원인과 대안을 모색하는 인류세 연구는 여러 학문 분야의 협력을 통해 이뤄진다. 인류세 학제 간 연구가 자연과학과 일부 사회과학(정책, 경제, 법)을 중심으로 이뤄져 온 가운데, 최근에는 인류세 연구 협력을 인문학과 사회과학, 공학으로 폭넓게 확장해야 한다는 지적이 나오고 있다. 그렇다면 실제 현장에서 인류세 학제 간 연구는 어떻게 이뤄지고 있을까? 카이스트 인류세연구센터는 인공지능과 증강현실과 같은 디지털 기술을 비무장지대(DMZ) 생태 조사와 보전에 활용하는 디지털 자연 보전(Digital conservation) 연구를 수행 중이다. DMZ 두루미 생태 조사 AI를 개발 중인 연구 팀의 경험을 통해 인류세 연구에서 여러 학제의 교류와 협력이 어떻게 이뤄지고 있는지를 살펴본다. 연구 팀의 대화와 인터뷰를 바탕으로 최명애 교수가 정리했다.[1]

두루미가 찾아오는 철원 인류세

한국전쟁이 끝나고 강원도 철원으로 돌아온 이들을 기다리고 있던 것은 폐허였다. 경원선 부설(1914), 금강산 전기 철도 개통(1924), 이어 철원 평야가 개간되면서 철원은 한반도 중부의 요충 지역 중 하나로 거듭났다. 그러나 한국전쟁 전선이 중부 지역에 교착되면서 철원에서는 치열한 고지전이 잇따랐고, 인구 15,000명의 소도시였던 철원읍은 잿더미로 변했다. 학교와 관공서는 흔적 없이 사라졌고, 서울과 금강산을 잇던 철길은 끊어진 채 침목만 남았다. 군사 분계선이 철원군을 가로질렀고, 한때 철원읍이었던 지역은 민간인의 출입이 제한되는 민통선 이북에 남았다.

고향으로 돌아온 이들, 제대 군인, 먹고살기 위해 민통선 코앞까지 찾아온 이들이 철원의 논밭을 다시 일구기 시작했다. 이 '개척자'들은 들판에 박힌 지뢰와 쇠붙이를 파내고, 물길을 만들어 가며 폐허를 곡창 지대로 바꿔 냈다. 계속되는 남북의 군사적 대결 속에서 민통선 출입은 해 뜬 뒤부터 해 질 때까지만 허용됐다. 그나마도 군사 충돌이 발생하면 며칠씩 못 들어가기 일쑤였다. 농업 속도를 높이기 위해 철원에는 일찌감치 농기계가 도입됐다. 기계가 수월하게 들어가도록 네모반듯하게 농지를 정리하는 농지 개량도 1970년대부터 이뤄졌다. 이렇게 조성한 논에서는 국내 개량종인 오대벼를 심었다. 오대쌀은 지금도 철원을 대표하는 특산물이다.

전쟁과 개간, 사람과 기계가 일군 인류세의 평야에 1990년대부터 뜻밖의 손님이 찾아오기 시작했다. 두루미였다. 시베리아에서 번식하는 두루미는 중국 남부, 한반도, 일본 남부에서 겨울을 난다. 두루미는 오랫동안 한반도를 찾아왔지만, 한국전쟁 전후로 도시화, 산업화가 빠른 속도로 이뤄지면서 자취를 감춘 듯했다. 두루미(*Grus japonensis*)와 재두루미(*Grus vipio*)는 1968년 천연기념물 202호와 203호로 각각 지정됐다. 몸이 희고 정수리에 빨간 점이 있는 새가 두루미, 눈 주위가 붉고 몸 색깔이 회색인 새가 재두루미다. 철원 민통선 지역에 1백여 마리가 월동한다는 보고가 있었는데, 1990년대 후반부터 이 지역을 찾는 두루미와 재두루미의 개체 수가 빠르게 늘어났다. 수백 마리였던 두루미와 재두루미 월동 개체 수는 2000년대 후반 각각 800마리, 1,500여 마리로 늘었고, 최근에는 1,000마리, 5,000마리 이상으로 증가했다.[2]

생태학자들은 철원 지역의 두루미류가 급증한 이유를 DMZ와 철원 평야에서 찾고 있다. 사람의 출입이 전면 중단된 DMZ 내 습지가 안전한 잠자리를 제공하고, 철원 평야의 낙곡이 먹이를 제공해 준다는 것이다. 특히 기계화 농업으로 낙곡률이 높아 먹이 자원이 풍부하고, 민통선으로 출입이 제한되면서 철원 평야는 두루미 먹이 활동에 유리한 조건을 갖추게 됐다. 냉전적 긴장과 산업적 영농이라는 참으로 인간적인 간섭이 비인간 두루미의 생육과 번성을 촉진하고 있는 것이다. 이런 인류세의 역설 속에서, 철원 지역을 찾는 두루미류의 개체 수 변화와 행동 패턴을 파악하려는 노력이 활발히 이뤄지고 있다. 두루미와 재두루미는 세계자연보전연맹(IUCN)의 적색목록에 각각 위기종(EN)과 취약종(VN)으로 등재된 세계적 멸종 위기종이다. IUCN은 전 세계 두루미 개체 수를 1,830마리, 재두루미를 4,500마리로 추산하고 있다.[3] 전 세계 두루미의 절반 이상, 재두루미 대부분이 철원에서 겨울을 나는 셈이다.

군사적 대결과 산업적 영농의 결과로 만들어진 철원 평야의 모습

그러나 우리는 아직도 철원의 두루미에 대해 모르는 것이 많다. 남북 간 대결과 군사적 긴장은 두루미 생태 조사에 제약을 가하고 있다. 두루미가 잠자리로 이용하는 DMZ 내부는 출입이 금지돼 있으며, 먹이터로 이용하는 민통선 농경지도 군부대 허가를 받아 주간 조사만 가능하다. 야간 조사는 불가능한 상태다. 두루미가 도래하는 매년 10월부터 이듬해 3월까지 생태학자들이 매달 개체 수 조사를 하고 있는데, 장기간의 훈련을 받은 숙련 인력이 필요한 작업이다. 그렇다면, 디지털 기술을 두루미 생태 조사에 활용할 수는 없을까?

인문사회학, 컴퓨터공학, 생태학

2020년 3월 인류세연구센터 연구원들에게 '디지털 기술을 이용한 두루미 보전'을 제안할 때 내 생각은 비교적 단순했다. CCTV, 트랩 카메라, 드론 같은 원격 무인 감시 장치를 이용해서 두루미 영상 정보를 수집하고, 영상 정보를 분석하는 자동화 시스템을 만들자는 것이었다. 특히 앞으로 DMZ 내부 생태 조사를 본격적으로 실시할 것을 대비해, AI와 무인 장비를 이용하는 우리의 실험이 일종의 파일럿 연구가 될 수 있으리라 기대했다. 마침 이날 참석한 공학자께서 최근 인공지능이 동물 세부종을 구분할 수 있을 정도로 발전했다며, 두루미 종 분석을 자동화해 보자고 제안하셨다. 빙고.

그런데 연구가 진행되면서 'AI 생태학자' 프로젝트는 계획과 다른 방향으로 전개되기 시작했다. 인문사회학자와 컴퓨터공학자로 꾸려진 연구 팀에 곧이어 두루미 생태학자가 합류했다. 두루미 박사님을 초청해 이야기를 듣다가, 우리의 공학자 동료는 딥 러닝을 이용해 인간 군중 수를 추정하는데, 이 기술을 두루미류 개체 수 조사에 적용해

두루미(위)와 재두루미(아래). 사진: 유승화

보자는 번뜩이는 아이디어를 주셨다. 오케이. 몇 달 뒤 딥 러닝 데이터셋 레이블링을 위한 오리엔테이션에서, 우리의 조류학자 동료는 두루미 종뿐 아니라, 각 종의 성조(어른 개체)와 유조(생후 1년 미만의 어린 개체)를 구분해서 세는 것이 얼마나 중요한지를 강조해 주셨다. 유조 비율이 향후 두루미 개체군 규모의 변화를 예측하는 핵심 정보라는 것이다. 이리하여 우리의 AI 생태학자 프로젝트는 '두루미 종 판별 AI 개발'에서 '두루미 종 및 성숙도별 개체 수를 집계하는 AI 개발'로 확장됐다. 디지털과 두루미로 출발한 프로젝트가 인문사회학자, 컴퓨터공학자, 생태학자를 차례로 만나며 서로 다른 학제적 관심을 받게 되었고, 그 결과 현재의 형태로 빚어진 것이다.

2000년 한 해 동안 연구 팀은 두루미 사진 1,400여 장으로 딥러닝을 위한 두루미 데이터셋을 제작했다. 개체 수 집계 정확도를 높일 수 있도록 인공 신경망 모델도 개량했다. 사진 한 장당 두루미 수가 평균 21.6마리인데, 우리의 AI는 두루미 성조와 유조, 재두루미 성조와 유조를 대체로 구분해서 세지만, 아직 3.9마리 정도는 오차를 낸다. 아직 인간 생태 조사원보다 못하지만, AI를 잘 훈련시키면 현장 조사자로 활용할 수 있겠다는 확신을 하게 됐다. AI 생태학자를 개발하기 위해 연구 팀은 많은 일을 함께했다. 각자 연구 분야를 공유하는 워크숍을 수차례 가졌고, 서로의 연구실과 현장도 방문했다. 레이블링 정확도를 높이기 위해 생태학자 동료를 따라 두루미 개체 수 현장 조사에 참여하고, 인공 신경망 개발에 사용하는 파이선(python)을 다운받아 프로그램을 실행해 보기도 했다. 일평생 인문사회학자로 살아온 나는 레이블링 작업을 하면서 내 노트북이 문서 작업과 인터넷 검색 외에 다른 작업도 할 수 있음을 처음 알게 됐다. 내가 느낀 어색한 흥분은 공학자 동료들이 한탄강 두루미 탐조대에 트랩 카메라를 설치하다 말고 저 멀리 지나가는 멧돼지를 보고 뱉은 감탄과 크게 다르지 않았을 것이다. 같은 연구를 놓고, 연구 팀의 공학자들은 크라우드 카운팅 기술을 멀티 클래스 사물 개체 수 조사에 활용할 수 있다는 논문을 쓰고, 생태학자는 AI를 두루미 생태 조사에 접목할 수 있다는 논문을 쓰고, 나는 인간과 AI가 자연(두루미)을 인식하는 같고도 다른 방식에 관해 쓰고 있다.

차이와 충돌, 의외의 공통점

연구 협력은 대체로 순조로웠지만, 우리가 서로 다른 학제에 뿌리를

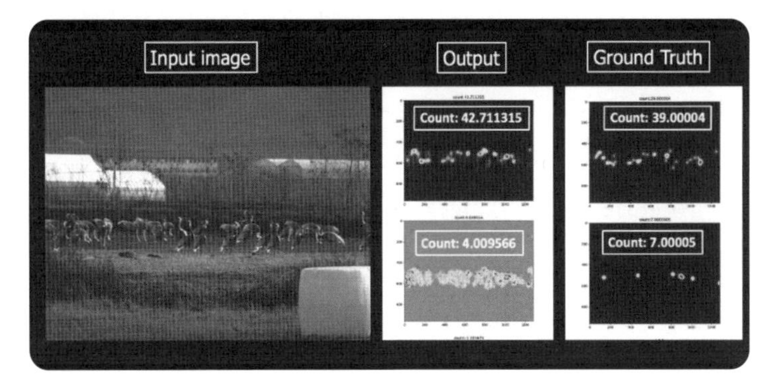

AI가 사진(왼쪽 화면)을 분석해 종별 두루미 개체 수를 추산한 결과. 실제값(오른쪽 화면)은 재두루미 성조 39마리, 유조 7마리인데, AI(가운데 화면)는 이를 각각 42마리, 4마리로 집계했다.

두고 있음을 실감하게 되는 순간들이 있었다. 무엇보다도 세계를 어떻게 인식하며, 어떤 방법으로 지식을 생산할 것인지에 대한 인식론적 차이가 컸다.[4] 인문사회학자인 내게 연구는 세계를 '이해'하기 위한 것으로, 현상의 의미를 '비판'적으로 '해석'하는 것이 중요했다. 그러나 공학자들에게 연구는 기술의 성능을 향상해 세계의 '문제를 해결'하는 것이었다. 내가 연구를 위해 사람들과 '이야기'하고 현상을 '관찰'하는 동안, 그들은 연구실에서 '실험'을 했다. 생태학자들은 이 두 인식론적 세계의 어디쯤 있는 것처럼 보였다. 그들 역시 인문사회 연구자들처럼 세계를 '이해'하고 '설명'하고자 했다. 그러나 나의 세계가 '인간'의 세계라면, 그들의 세계는 '자연'의 세계였다. 나아가, 나는 지식이 맥락을 통해 생산되는 주관적인 것으로 생각하도록 훈련받았지만, 나의 생태학자와 공학자 동료들에게 지식은 객관적이며 검증 가능한 것이어야 했다. 공학자처럼 생태학자도 실험실에서 연구를 수행하지만, 연구 팀의 조류학자 동료에게 주된 지식 생산의 공간은 '현장' 조사였다.

구분	인문사회학	생태학	공학
주 연구대상	인간, 사회, 문화	자연, 동물	기술
인식론	이해, 해석, 비판	(객관적) 설명	문제 해결
방법론	인터뷰, 참여 관찰	현장조사	실험

학제 간 차이

서로 다른 '인식론적 공동체'와 협력하는 것은 낯선 나라에서 온 이방인과 일하는 것처럼 느껴질 때가 있었다. 같은 한국어로 말하고 있어도 사용하는 용어가 달랐고, 같은 용어라도 의미가 달랐다. 공학자들과의 첫 만남에서 낯선 용어의 홍수 속에서 '시민 과학'이라는 친숙한 용어를 발견하고 반가웠는데, 이상하게 대화는 자꾸만 엇박자가 났다. 나중에 보니 최근의 기술적 맥락에서 시민 과학은 데이터 수집을 위해 시민을 센서로 이용하는 '크라우드 소싱'의 뜻으로 쓰이고 있었다. 시민의 참여를 통해 더욱 민주적으로 과학 지식을 생산해야 한다는 과학기술학의 시민 과학이 아니었다. 공학자 동료들이 이야기하는 '희귀종', '클래스'가 생태학의 '멸종 위기종', '종'과 큰 차이가 없음을 깨닫는 데도 시간이 걸렸다. 물론 공학자와 생태학자 동료들은 내가 여기에 '클래스 판별(classification)'과 '생물종 동정(identification)'이 '그게 그것'이라고 쓰고 있는 것을 알면 펄쩍 뛸 것이다. 둘은 전혀 다른 것이라고. 인문사회학자인 나는 큰 틀에서 의미나 효과가 비슷하면 '같다'고 패턴화하지만, 공학자들은 두루미 개체 수의 소수점 셋째 자리까지 표기하며 데이터의 정치함을 추구했다. 한편, 이공계 동료들은 내가 계속해서 "연구실 한번 가 보자", "개체 수 조사 동행하게 해 달라"고 요청하는 것이 의아했을 것이다. 컴퓨터를 켜서 보여 준다고 코드를 이해할 수 있는 것도 아니고, 현장 조사에 동행한다고 해서 두루미 종과 개체를 즉각 판별할 수 있는 것도 아닌데 말이다. 라투르가 『실험실 생활』의 첫 장에 쓴 것처럼, 내 동료들 역시 현장을 보여 달라는 내 요청을 당혹스러워했다. 그런데도 라투르의 동료들이 그랬듯 내 동료들도 이해되지는 않지만 나의 참여 관찰을 받아 줬다.

서로 다른 인식론적 세계가 공존하는 가운데, 연구 협력은 한 세계의 지식을 다른 세계로 '번역'하는 작업이었다. AI가 두루미의 종과 개체 수를 판별하도록 훈련하기 위해서는 데이터 레이블링이 필요하다. 사진 속에 어떤 종의 두루미가 몇 마리 있는지를 표시하는 것으로, 일종의 정답지를 만드는 작업이다. 인간 군중 데이터 레이블링은 사람 머리에 점을 찍는 것으로 이뤄진다. 우리가 얼굴을 보고 사람 수를 세는 것과 비슷하다. 그런데 두루미는 종종 머리를 숙이고 먹이 활동을 하는 데다, 빽빽이 몰려 있어 머리가 보이지 않는 경우도 많다. 이때 생태학자 동료가 생물종 동정에 활용하는 '분류키'를 레이블링에 활용하자고 제안했다. 조류학자들이 현장에서 두루미를 조사할 때는 머리뿐 아니라 몸통 색깔, 날개깃 색깔, 다리를 포인트로 빠르게 훑어 종과 유조, 성조 여부를 구분한다. 이를 빌려 와 머리-몸통-꼬리 날개깃-다리에 점을 찍으면 정확하게 구분할 수 있다는 제안이었다. 한편, 수십 마리의 두루미가 빽빽이 몰려 있는 사진에서 개체당 3~4개의 레이블을 다는 것은 만만한 작업이

생태학자의 두루미 분류키(왼쪽)와 이를 활용한 선 레이블링 화면(오른쪽)

아니었다. 또, 컴퓨터가 여러 개의 점을 같은 개체로 인식할 수 있도록 해야 했다. 결국 우리는 머리와 배에 각각 점을 찍고 두 점을 선으로 연결하는 '선 레이블링' 방식을 도입했다. 두루미의 생태적 특성에 대한 전문 지식을 컴퓨터가 인식할 수 있는 방식으로 변환해 활용한 것이다. 실제로 AI는 머리나 배의 점보다 선을 활용해 학습시킬 때 더 높은 정확도를 보였다.

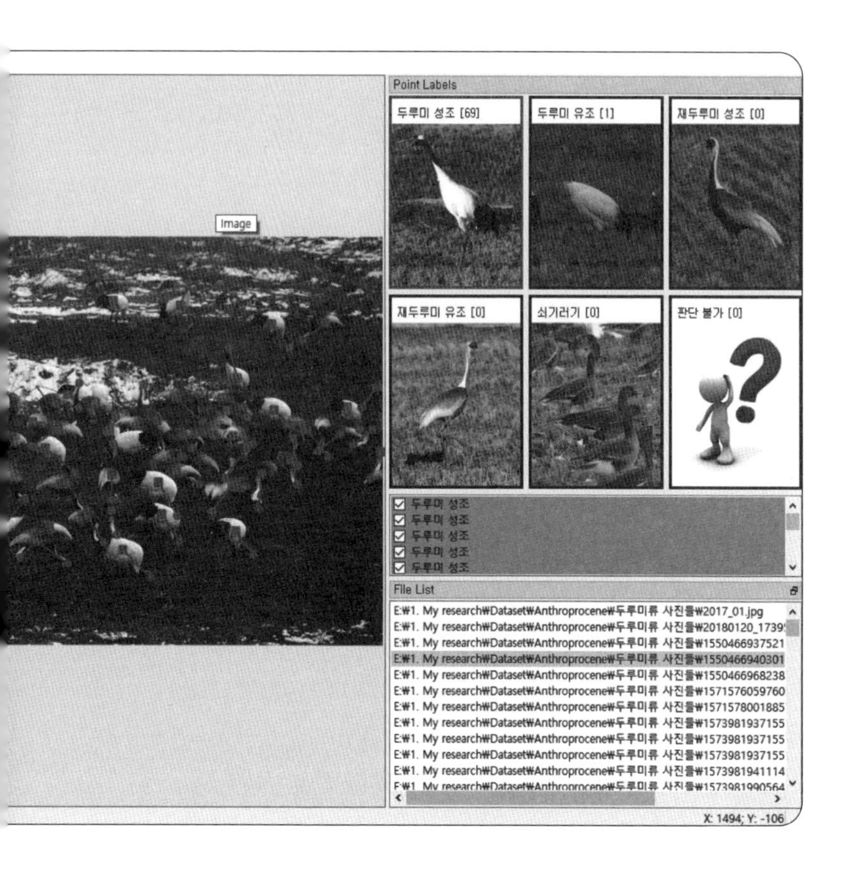

한편, 서로 다른 세계에서 왔지만, 우리에겐 의외의 공통점이 있었다. 무엇보다 인류세에 대한 생각이 비슷했다. 기후변화, 플라스틱 쓰레기, 공장식 축산 등 인류세를 표상하는 여러 생태 위기 가운데서도 우리 모두는 생물종 멸종을 가장 심각한 문제로 생각하고 있었다. 인간의 행위로 인간 외 생명이 빠른 속도로 스러지고 있다는 것을 안타깝게 생각하고, 어떤 방식으로든 이

문제를 진단하고, 이해하고, 해결하는 데 기여하고 싶었다. 토이바닌 등은 학제 간 연구에서 인류세가 지질학적·생물학적·사회적·문화적 인류세의 네 가지 양상으로 다뤄진다고 지적했다.5 우리 연구 팀에게 인류세는 생물학적 문제였다. AI 생태학자 프로젝트는 AI와, 장기적으로는 원격 감시 장비를 결합해, 인간의 행위로 서식지가 축소되고 있는 멸종 위기종의 개체 변화 추이를 밝히고자 하는 것이었다. 우리가 추구하는 인류세의 기술은 공학 기술을 통해 지구 대기와 토양, 해양을 직접적으로 조정하고자 하는 지오엔지니어링과는 다르다. 오히려, 그간 인간의 접근이 제한되었던 생태 사각지대에 대한 모니터링을 강화함으로써 지구 행성에 발생하는 생태적 변화를 촘촘하게 관측하고자 하는 최근의 센서 기반 지구 모니터링 연구와 결을 같이하고 있다.6 인류세에 대한 기술적 개입이 지오엔지니어링처럼 기술 낙관주의에 기반해 이를 재생산하는 것만이 아니라, 기술의 도움을 받아 보다 조심스럽게 행성의 현재와 미래를 탐색하는 데에도 활용될 수 있는 것이다. 아울러, 생물학적 인류세에 대한 학제 간 접근은 지구시스템과학, 인류세의 시작 시점과 명칭 논쟁, 지구 시스템 거버넌스, 지오엔지니어링에 이어 '디지털 기술을 이용한 생물종 모니터링', 나아가 '디지털 자연 보전'을 인류세 학제 간 연구의 새로운 분야로 개척할 수 있을 것으로 생각된다.

연구자와 연구를 혁신하는 연구

지구시스템과학자 윌 스테판은 2019년 인류세 심포지엄에서 인류세 연구가 "지구시스템과학자들이 연구하는 방식을 근본적으로 바꿔 놓았다"고 했다. 역사학자인 줄리아 토머스도 같은 말을 했다. 그렇지 않다면 인류세 연구가 아니라고. 그렇다면 AI 생태학자 프로젝트는 우리의 연구를 어떻게 바꿔 놓았을까.

공학자와 생태학자와 함께 연구하면서 나는 생태 모니터링, 나아가 자연 보전이 다양한 인간과 비인간 행위자가 참여하는 '다종적 결합(multispecies entanglement)'의 산물임을 다시 확인하게 됐다. 인문지리학자 노엘 카스트리가 냉소적으로 표현한 것처럼 인류세 연구에서 인문사회학자는 '인간' 담당이다.7 그러나 최근 사회과학 전반에 걸쳐 비인간 행위성을 강조하는 신유물론이 발전하면서, 나의 자연 연구에서도 인간의 자연 담론과 표상뿐 아니라, 동물의 행위성, 경관과 자연 현상의 정동(affect) 같은 인간 이외의 요소들이 의미를 갖게 됐다. 특히 이 연구 협력을 위해 동료들과 대화하고, 두루미 생태 조사에 참여하고, 직접 데이터 레이블링을 해 보고, 트랩 카메라를 설치하고 관리하는 경험들은 AI를 이용한 야생 동물 모니터링에 결합한 다양한 비인간 행위자들을 볼 수 있게 했다. AI를 훈련하기 위해서는 레이블링이 필요하고, 레이블링을 수행하기 위해서는 자료 저장 장치와 소프트웨어, 프로그램을 돌릴 수 있는 컴퓨터와 함께 두루미에 익숙한 눈이 필요했다. 두루미에 익숙한 눈을 만들기 위해 참가한 두루미 센서스에서는 비단 숙련된 생태학자뿐 아니라 위성 지도, GPS가 표시되는 휴대전화, 논길을 거침없이 달릴 수 있는 튼튼한 차가 생태 조사에 결합해 있음을 알았다. 두루미 생태 조사를 수월하게 만든 결정적 요인 중 하나가 농경지 정리와 도로포장이라는 사실은 놀라웠다. 군부대 차량과 농기계가 들어가기 쉽도록 반듯이 경지를 정리하고 포장한 덕분에 생태 조사원들도 구석구석까지 접근해 두루미의 존재를 확인할 수 있게 됐다. 이처럼 냉전적 긴장과 산업적 영농으로 만들어진 인류세의 평야가 멸종 위기종 서식지가 되고, 네모반듯한 인류세의 경관이 보전적 조사 작업을 돕는 역설은 인류세에 대한 인문사회적 연구가 보다 입체적으로 이뤄져야 함을 일깨워 줬다. 인간 행위 대 자연 파괴의 단선적 논리가 아니라, 인류세의 형성과 전개에 결합되어 있는 다종적 연결망을 추적하고, 이 관계들이 전개되는 복잡하고 모순되면서도 다양한 양상을 살펴봐야 한다.

공학자 동료들에게 이번 연구는 '실험실'과 '현장'의 차이를 확인하고, 현장을 실험실로 불러들이는 경험이었다. 기존의 딥 러닝을 이용한 컴퓨터 비전 연구는 공개된 데이터셋을 이용해 모델의 성능을 향상시키는 데 집중해 왔다. 그런데 두루미 조사 현장에서 수집된 영상을 이용한 이번 연구는 실제 현장의 데이터셋이 실험실의 데이터셋과 크게 다름을 확인하게 했다. 인간 군중 수 집계에 활용되는 기존 데이터셋은 막대한 비용과 인력을 동원해 수만, 수십만 장의 데이터를 확보하고, 이를 레이블링하는 방식으로 만들어진다. 그러나 두루미와 같은 생태 데이터는 이런 방식으로 제작할 수가 없다. 조사 대상 동물 상당수가 멸종 위기종이라 출현 빈도가 낮고, 트랩 카메라를 설치해 놓았다 하더라도 동물이 좀처럼 우리가 원하는 자세로 찍혀 주지 않는다. 실제로 트랩 카메라에 포착된 사진은 야간 흑백 사진이거나, 동물의 일부만 포착되는 경우가 많았다. 그런데도 공학자 동료들은 딥 러닝을 생태 데이터 분석에 접목하는 AI 생태학자 연구의 의의와 효과에 크게 공감했다. 지금까지 AI 연구가 기술 자체를 발전시키는 데 몰두해 왔다면, 기술이 실제 현실 문제를 해결하는 데 활용될 수 있도록 연구 방향을 확장해야 한다는 것이다. 우리의 공학자 동료들은 생태 데이터의 특성과 한계 속에서 생태 데이터셋의 용량과 밀도를 높일 수 있는 방향으로 기술 개발이 필요하다고 지적했다. 그래야 AI 생태학자의 성능이 비약적으로 향상될 수 있다는 것이다. 이처럼 학제 간의 융합 연구는 '비인간'과 '현장'처럼 각자의 학제 내에서 잊힌 영역을 가시화함으로써 기존에 연구가 이뤄져 온 방식을 혁신하고, 앞으로 학제 간 연구를 확장할 수 있는 새로운 지점들을 포착하게 했다.

한편, 연구 협력 경험이 우리 연구자들이 두루미, 즉 자연에 대해 생각하고 관계 맺는 방식을 새롭게 했는지는 의문이 남는다. 기존의 학제적 전통에 따르면, 인문사회학에서 두루미는 담론과 재현(representation)으로, 생태학에서는 생물종과 분포(distribution)로, 공학에서는 숫자로 여겨져 왔다. 그러나 AI 생태학자 프로젝트를 통해 다양한 경로로 두루미를 직접 대면하면서 나는 두루미가 신체와 생태를 가진 살아 있는 존재임을 새삼 깨닫게 됐다. 생태학자들도 다르지 않아 보였다. 지도와 그래프로 두루미를 표현하고 개체 수의 변화를 이야기하지만, 그들과 두루미의 관계 또한 감정적이고 정동적인 것이었다. 제이미 로리머의 지적처럼 조류 센서스와 같은 생태 조사는 생태학자들이 야생 동물과 신체적·정서적 교환을 할 수 있는 기회를 반복적으로 제공함으로써 조사 대상 야생 동물에 대한 이해를 새롭게 한다.[8] 연구 팀의 생태학자와 생태 조사원들에게 두루미는 단지 생태 정보만이 아니라 아름답고, 예민하고, 지적이며, 가족애가 두터운 생명체였다. 실제 생태 조사에서 조사원들은 조사 활동 때문에 두루미가 먹이 행동을 멈추고 날아가지 않도록 갖은 노력을 했다. 그것은 단지 두루미가 날아가면 생태 조사가 어려워진다는 이유 때문만이 아니라, 이 예민한 동물의 생태와 행동에 '응답'해 주기 위한 작은 윤리적 실천으로 보였다.

그렇다면, 실험실의 공학자들도 두루미를 살아 있는 야생 동물로 새롭게 생각하게 되었을까. 공학자 동료들과 두루미 레이블링을 한 학생 조교들은 "이 연구가 두루미에 관한 생각을 바꿔 놓았는가"라는 내 질문에 멋쩍게 웃더니 고개를 저었다. 두루미에 대해 호기심이 생긴 것은 사실이지만, 사진이나 다큐멘터리로 두루미를 다시 접할 때면 '얼른 세어야 한다', '저 사진은 점 찍기 쉽겠다', '까다롭겠다'는 생각이 반사적으로 든다는 것이다. 레이블링에 참여한 한 공학도는 철원 현장에서 찍어 온 두루미의 영상을 보고 놀라워했다. 사진으로 수천 마리를 봤지만, 두루미가 이 정도로 크고, 큰 소리로 우는 동물인 줄 몰랐다는 것이다. 내 동료들이 이 멋진 야생 동물을 정보 처리 데이터로만 생각하는 것이 안타까워서, 다음에는 그들의 연구실에 두루미 소리를 틀어 주고, 실물 크기의 두루미 모형이라도 갖다 놔야 하는 건 아닐까 생각도 했다. 실험실의 두루미 모형은 공학자와 두루미의 관계를 어떻게 새롭게 전개시킬까.[9] 그 또한 흥미로운 인류세 연구의 주제가 될 것이다.

융합 연구에서 다학제적 탐색 연구로

과학사회학자 앤드류 배리는 학제 간(interdisciplinary) 연구에는 세 가지 방식이 있다고 지적한다.[10] 첫째, 이론적·인식론적 배경이 유사한 분야 간의 '융합적(integrative-synthesis)' 연구다. 예컨대 서로 다른 분야의 공학자들이 같은 문제를 풀기 위해 협력을 하는 경우다. 둘째, '분업적(subordinationservice)' 연구로, 자연과학과 사회과학처럼 인식론적 배경이 전혀 다른 분야 간의 협력 연구다. 한 분야(예: 자연과학)에서 문제를 진단하고, 다른 분야(예: 사회과학)에서 그 문제를 해결하기 위한 방법을 제안하는 식으로, 학제에 따른 노동 분업이 이뤄진다. 마지막으로 '애그노스틱(agnostic-antagonistic)' 방식이 있다. 기존의 학제적 전문성에 기대지 않고 연구 과정 자체를 통해 지식 생산과 실천의 방법을 탐색하는 것이다. 토이바닌 등은 인류세 위기가 갖는 예측 불가능성을 고려할 때, 인류세의 학제 간 연구는 배리가 말하는 애그노스틱 방식으로 이뤄져야 한다고 지적한다.[11] 기존의 학제적 전통을 재생산하거나 단순히 조합하는 방식으로는 현재 위기를 진단하고 극복하는 데 역부족이라는 것이다. 학제 간 협력이 전개되는 방식과 결과에 대해 '열린 태도'를 강조한다는 점에서, 토이바닌의 지적은 최근 인류세 논의에서 강조하는 '실험적' 태도를 연상케 한다.[12] 우리가 직면한 거대한 불확실성 앞에서 미래를 예단하고 통제하는 것은 의미가 없으며, 오히려 다양한 실험을 통해 새롭게 전개되는 미래를 탐색해야 한다는 것이다.

AI 생태학자 개발을 위한 우리의 연구 협력은 배리가 제안한 애그노스틱 연구의 성격을 갖고 있다. 전혀 다른 세 개의 학제적 세계를 결합하게 한 것은 'AI를 두루미 생태 조사에 활용할 수 있을까'라는 궁금함과 그것이 가능하면 좋겠다는 바람이었다. 우리 중 누구도 뚜렷한 가설이나, 가설을 검증할 과학적 연구 방법에 대한 청사진을 갖고 있었던 것은 아니다. 각자의 학제에 기반한 전문 지식이 있었지만, 이 프로젝트와 관련해서는 모르는 게 더 많았다. 그러다 보니 되레 담대한 상상들을 할 수 있었다. 이를테면 CCTV로 두루미 서식지를 모니터링하는데, AI가 화면 속 두루미 개체 수 변화를 실시간으로 보여 준다든가, 스마트 안경을 쓴 채 화면을 보면서 내 손을 움직이면 지역의 환경 변화와 두루미 개체 수 변화가 시뮬레이션처럼 나타나는 그런

공상 과학적 장면들이다. 다른 세계에서 온 파트너들은 그 상상 가운데 두루미종별로 개체 수를 집계하는 AI는 지금 당장 구현할 수 있음을 알려 줬다. 연구 결과를 미리 예단하지 않는 태도는 연구 과정에서 새롭게 등장하는 제안을 유연하게 받아들이게 했다. 이를 통해 애초 두루미 종 판별 AI로 시작한 연구가 종과 성숙도에 따라 두루미 개체 수를 세는 AI로 확장됐다. 일반적인 연구가 미리 주어진 연구 방법을 따름으로써 가설을 검증하는 것이라면, 우리의 연구는 연구 과정에서 주어지는 새로운 변화들에 주의를 기울이고 이에 응답함으로써 연구 질문에 대한 응답을 확장하는 것이었다. 연구 협력을 통해 우리는 AI를 두루미 생태 조사에 활용하는 것이 '가능하다'는 것을 확인했고, 예상보다 다양한 방식으로 활용할 수 있음을 알게 됐고, 앞으로 탐색해야 할 새로운 연구 지점들을 감지할 수 있었다. 이런 면에서 우리의 연구 협력은 그 자체로 하나의 담대한 실험이 아니었을까.

이번 연구 협력을 통해 나는 인류세의 연구 협력이 '융합'보다는 '다학제' 연구로 진행되어야 한다고 생각하게 됐다.[13] 융합 연구가 같은 질문에 대해 여러 학제가 함께 하나의 대답을 내놓는 것이라면, 다학제 연구는 학제의 차이를 존중하고 같은 질문에 대해 다양한 대답을 내놓는 것이다. 이번 연구를 통해 확인한 것처럼 인문사회학, 자연과학, 공학에는 뿌리 깊은 인식론적 차이가 있다. 이런 차이를 억지로 없애려고 하거나 무시하는 대신, 차이가 가져오는 풍성함을 인정함으로써 우리는 인류세에 대한 보다 입체적인 이해를 발전시킬 수 있을 것이다. 아울러, 학제 간의 긴밀한 소통과 교류를 통해 우리는 각자의 학제가 연구하는 방식을 조금씩, 때로는 혁신적으로 변화시킬 수 있을 것이다.

1 이 글은 AI 생태학자 연구를 함께 수행 중인 유승화, 변준영, 고효준, 김창익과 데이터 레이블링에 참여해 준 김지연, 신예은, 두루미 생태 조사를 수행하는 이기섭, 최인철, 박용현과의 대화와 인터뷰에서 크게 도움을 받았다.

2 유승화 외, 「철원지역 월동 두루미류의 서식지 이용 변화 추세: 2002~2012년 월동기」, 『한국조류학회지』 19(2), 2012, 115~125쪽.

3 BirdLife International, "Grus japonensis", *The IUCN Red List of Threatened Species*, 2016, e.T22692167A93339099. 다운로드: 2021.2.2; BirdLife International, "Antigone vipio", *The IUCN Red List of Threatened Species*, 2018, e.T22692073A131927305. 다운로드: 2021.2.2.

4 T. Toivanen et al., "The many Anthropocenes: A transdisciplinary challenge for the Anthropocene research", *The Anthropocene Review* 4(3), 2017, pp. 183~198.

5 T. Toivanen et al., _____.

6 J. Gabrys, *Program earth: Environmental sensing technology and the making of a computational planet*, University of Minnesota Press, 2016.

7 N. Castree, "Speaking for the 'people disciplines': global change science and its human dimensions", *The Anthropocene Review* 4(3), 2017, pp. 160~182.

8 J. Lorimer, "Counting corncrakes: The affective science of the UK corncrake census", *Social Studies of Science* 38(3), 2008, pp. 377~405.

9 인류학자 이븐 컬크시는 허리케인 카트리나 피해 현장에 투입된 세 마리의 염소가 일으키는 뜻밖의 관계들을 추적하고, 이를 통해 인류세의 희망을 찾는다. S. E. Kirksey et al., "Hope in blasted landscapes", *Social Science Information* 52(2), 2013, pp. 228~256.

10 A. Barry et al., "Logics of interdisciplinarity", *Economy and Society* 37(1), 2008, pp. 20~49.

11 T. Toivanen et al., _____.

12 J. Lorimer, "The Anthropo-scene: A guide for the perplexed", *Social Studies of Science* 47(1), 2017, pp. 117~142.

13 J. A. Thomas et al., *The Anthropocene: A Multidisciplinary Approach*, Polity, 2020. 국내에 『인류세 책: 행성적 위기의 다면적 시선』(박범순·김용진 옮김, 이음, 2024)으로 출간되었다.

AI로 친환경 제품 설계하기

강남우

카이스트 조천식모빌리티대학원
교수이자 나니아랩스(Narnia Labs)의
CEO다. 가상 제품 개발을 위해 AI 기반
제너레이티브 디자인 연구를 하고 있다.

인공지능(AI)이 제품을 친환경적으로 설계하는 데 역할을 할 수 있을까? 본 글에서는 AI가 친환경 제품 설계에 어떻게 기여할 수 있는지, 그리고 이 과정에서 발생할 수 있는 주요 이점과 도전 과제에 대해 생각해 보겠다.

AI와 친환경 제품 설계

AI 기술은 급속히 발전하면서 다양한 산업 분야에서 혁신적인 변화를 이끌고 있다. 그중에서도 친환경적인 제품 설계는 제조업에서 AI가 중요한 역할을 할 수 있는 분야로 주목받고 있다. AI를 활용한 친환경 제품 설계의 방법은 다음과 같다.

- 재료 사용 최적화: AI는 복잡한 데이터 분석을 통해 제품 설계 시 필요한 재료의 양을 최적화할 수 있다. 이는 재료 낭비를 줄이고, 필요 이상의 자원 소모를 방지하는 데 기여한다. 예를 들어, AI는 구조적 강도를 유지하면서 최소한의 재료를 사용할 수 있는 경량화된 설계를 도출할 수 있다.

- 물리적 테스트 최소화: AI를 활용하면 실제 물리적 테스트를 수행하기 전에 디지털 환경에서 제품 테스트를 수행할 수 있다. 이는 개발 과정에서 발생할 수 있는 자원 낭비와 환경 영향을 줄이면서, 최종 제품의 효율성과 안정성을 보장한다.

- 생산 과정 최적화: AI를 통한 설계는 생산 과정에서의

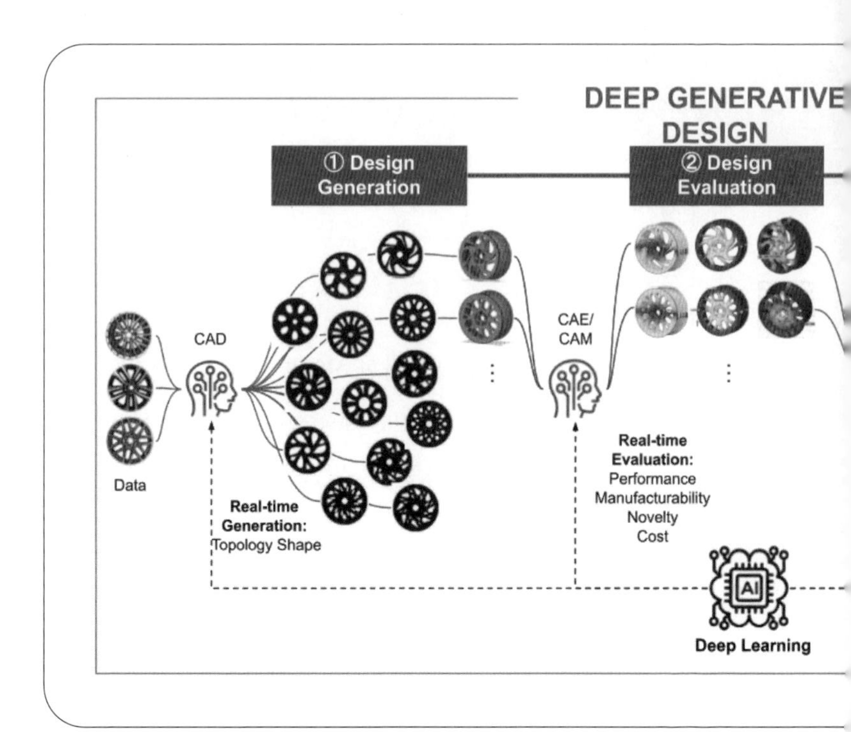

〈1〉 Deep Generative Design(Narnia Labs, 2022)

효율성도 향상시킨다. AI는 제품 제조에 필요한 정확한 양과 과정을 예측하여 과도한 생산을 방지하고, 생산 중 발생할 수 있는 에너지와 자원 낭비를 최소화한다.

- 제품의 수명 주기 관리: AI는 제품의 전체 수명주기를 고려하여 설계할 수 있다. 이는 제품이 더 오래 사용될 수 있도록 하고, 수명이 다한 후에는 쉽게 분해하고 재활용할 수 있도록 한다. 따라서, 제품 폐기 시 발생하는 환경 부하를

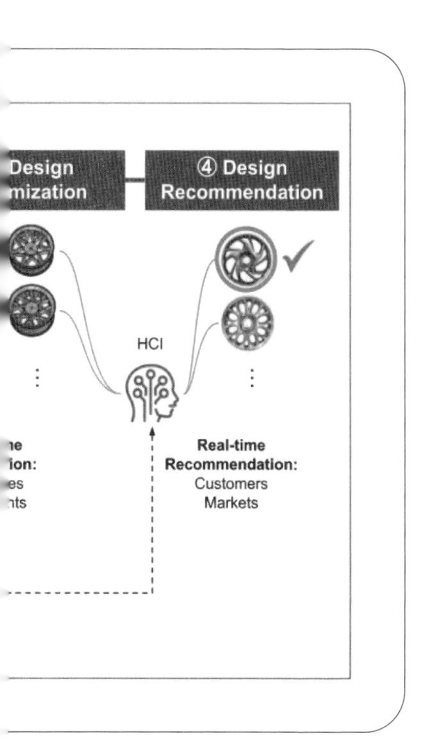

줄이는 데 기여한다.

이러한 방법들을 통해 AI로 제품을 설계하는 것은 환경 보호와 자원 효율성을 향상시킬 뿐만 아니라, 장기적으로 기업의 비용 절감에도 도움을 줄 수 있다. AI를 활용한 제품 설계는 지속 가능한 발전을 추구하는 현대 산업에서 점점 더 중요한 역할을 하게 될 것이다.

AI 기반 제품 설계 기법

AI기반의 설계 기법인 '제너레이티브 디자인'은 공학 설계의 깊은 도메인 지식을 필요로 하는 산업 인공지능 기술이다. 이 기술은 모빌리티 산업뿐만 아니라 모든 제조 산업에서 신제품 개발에 적용할 수 있는 데이터 기반의 가상 제품 개발(Virtual Product Development) 기술로 활용된다.

〈1〉은 나니아랩스(Narnia Labs)에서 개발한 심층적 생성 디자인(Deep Generative Design) 프로세스를 보여 준다. 이 프로세스는 설계 생성, 평가, 최적화, 추천 네 단계로 구성되어 있으며, 각 단계의 목적과 효과는 다음과 같다.

- 설계 생성 단계: 인공지능을 활용한 위상 최적화, 파라메트릭 디자인, 생성 모델을 통해 대량의 새로운 설계안을 자동으로 생성한다. 이는 과거 데이터를 기반으로 하면서도 공학적으로 우수한 다양한 설계안을 제공하여, 디자이너와 설계자에게 새로운 영감을 주는 과정이다.

- 설계 평가 단계: 생성된 설계안들을 인공지능 기반의 시뮬레이션 기술로 분석하여, 공학적 성능, 제조 가능성, 제조 비용, 독창성 등을 실시간으로 평가한다. 이 단계는 설계의 성능을 신속하게 평가함으로써 해석과 시험에 드는 시간 및 비용을 혁신적으로 줄이고, 디자인과 설계, 해석의 순차적이고 반복적인 프로세스를 최소화한다.

- 설계 최적화 단계: AI는 예측된 성능 지표와 제약 조건을 만족시키는 최적의 설계안을 도출한다. 디자이너와 설계자가 제품의 목표 성능값을 입력하면, AI는 이를 최대화하는 최적의 설계안들을 실시간으로 생성하고, 성능 지표별로 상충하는 최적 설계 결과를 분석하여 제공한다.

- 설계 추천 단계: 최적화된 설계안들에 대해 AI는 고객의 선호도를 예측하고, 목표 시장에 적합한 설계안을 추천한다. 이 과정에서 공학 성능, 비용, 고객 선호도(심미성, 가격 등) 간의 상충 관계를 분석하여 시장 중심의 최적 결정을 지원한다.

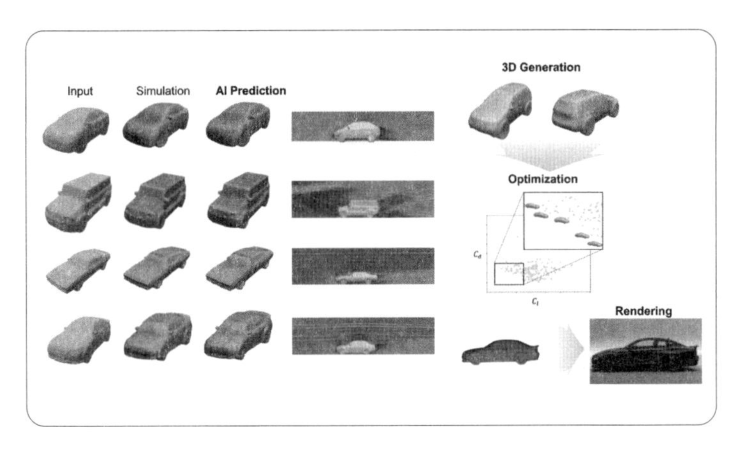

〈2〉 AI를 통한 연비 극대화를 위한 차량 형상 설계

이러한 AI 기반의 설계 프로세스는 제품 개발을 효과적으로 가속화하고, 더 나은 설계 결정을 내릴 수 있도록 도와준다.

AI 기반 친환경 제품 설계 적용 사례

AI기술은 모빌리티 설계 과정을 혁신적으로 변화시키고 있다. 친환경 모빌리티 설계를 위해서는 재료 사용을 최소화하고, 경량화와 공력 성능 개선을 통해 연비를 향상시켜야 한다. 이러한 목적을 달성하기 위해 앞에서 소개한 심층적 생성 디자인이 활용될 수 있다.

〈2〉에서 살펴볼 수 있듯이 AI는 차량 형상 생성, CFD(전산유체역학) 시뮬레이션, 연비 최적화, 그리고 고객 피드백 수집까지 이어지는 제품 개발 프로세스 전반에서 새로운 역할을 해낼 수 있다.

첫 단계에서 AI는 주어진 설계 요구 사항과 성능 목표를 바탕으로 다양한 차량 형상을 생성한다. 이 과정에서 AI는 기존의

〈3〉 AI를 통한 심미적이고 공학적인 휠 디자인 생성

데이터와 학습된 모델을 활용하여, 가능한 최적의 설계안을 도출하기 위해 다수의 형상을 신속하게 제안한다.

이어서, 생성된 차량 형상에 대한 CFD 시뮬레이션 결과를 실시간으로 예측한다. 과거 CFD 시뮬레이션 결과를 학습한 AI가 새로운 형상에 대한 공기역학적 성능을 시뮬레이션 없이 예측할 수 있다.

! 확인

확인하세요.
이나 디자인 스타일을
요!

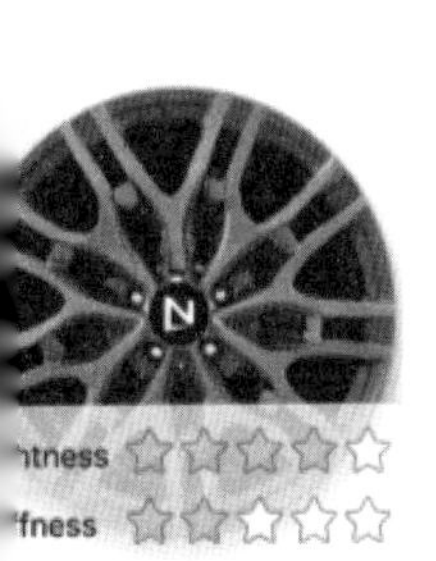

휠에 대한 공학적 성능을
눈에 확인할 수 있어요.

튼을 클릭하여 디자인 설정을
경하면 새로운 휠 디자인을
성할 수 있어요.

3. 휠 상세보기

디자인을 클릭하면 휠의 상세 정보를 확인하고 다운로드를 할 수 있어요. 또, 차량에 적용되었을 때는 어떤 모습일지도 미리 살펴볼 수도 있어요!

이러한 실시간 분석을 통해 각 설계안의 성능을 즉각적으로 평가하고, 그 결과를 바탕으로 형상 최적화를 진행할 수 있게 된다.

AI는 또한 다목적 최적화를 통해 여러 성능 지표 사이의 최적의 균형을 찾아낼 수 있다. 예를 들어, 최소한의 공기 저항, 차량의 부피·무게, 충돌 성능 등 다양한 목적을 동시에 달성할 수 있는 형상을 도출하기 위해 다양한 AI 예측 모델을 활용하여 최적의 값을 도출해 낸다.

최종적으로, AI는 최적화된 차량 형상을 실시간으로 렌더링하여 시각적으로 제공할 수 있다. 또한 〈3〉에서처럼 차량 휠을 AI로 자동 디자인 하여, 앞에서 최적화된 차량 형상에 바로 매칭해 볼 수 있다. 이는 마케팅 담당자나 제품 매니저가 고객에게 새로운 디자인을 소개하고 직접적인 피드백을 받을 수 있는 기회를 제공한다. 고객의 의견은 다시 AI 모델에 입력되어 미래의 설계 과정에 반영되며, 이는 제품 개발의 지속적인 개선을 가능하게 한다.

이러한 AI 통합 설계 프로세스는 자동차 산업에 매우 큰 변화를 가져다줄 수 있다. AI의 도입으로 설계 시간과 비용을 줄이면서도, 차량의 성능과 고객 만족도를 동시에 향상시킬 수 있게 된다. 이는 더욱 빠르고 효율적인 제품 개발을 가능하게 하며, 경쟁력 있는 친환경 차량을 시장에 선보일 수 있는 길을 열어 준다.

또 다른 예시로 AI는 친환경 에너지 분야에도 적용될 수

〈4〉 AI를 통한 파력 발전 장치 발전량 최적화 디지털 트윈

있다. 친환경 재생 가능 에너지 기반 전력 발전 시스템은 지속 가능한 특성으로 인해 나날이 수요가 높아짐에도 불구하고, 낮은 에너지 밀도와 비정상성으로 인해 실용화에 여러 제약 사항이 존재한다. 특히, 해양 에너지를 활용하는 진동 수주형 파력 발전 장치의 경우 불규칙한 고에너지 파도 발생으로 시스템 고장이 야기될 수 있어, 이를 극복하기 위해 디지털 트윈(digital twin)을 활용한 실시간 예측 제어 및 운용이 필요하다.

〈4〉는 디지털 트윈 플랫폼을 보여 주고 있으며, 파력 발전 장치 운용 시에 파도 상하 운동에 의해 발생하는 챔버 수위 변화에 대한 예측과 예측의 불확실성 정도를 실시간 산출하여 발전량을 제어할 수 있도록 한다.

AI 사용의 장점과 기대 효과

인공지능 기술이 친환경 제품 개발에 적용될 때 예상할 수 있는 장점과 기대 효과는 매우 다양하며, 이러한 효과는 지속 가능한 개발을 위한 중요한 발판을 제공한다.

- 자원 사용의 최소화: AI는 제품의 설계와 제조 과정에서 필요한 자원의 양을 정밀하게 예측하고 최적화할 수 있는 능력을 가지고 있다. 예를 들어, AI 기반의 설계 기술은 다양한 성능 예측을 통해, 최소한의 자원을 사용하면서도 성능을 최대화할 수 있는 설계안을 제안할 수 있다. 이는 원자재 사용을 줄이고, 제품 제조 과정에서 발생할 수 있는 폐기물의 양을 감소시키며, 전반적인 환경 부하를 줄이는 데 기여한다.

- 에너지 효율성의 증가: AI 기술은 에너지 관리를 최적화하여 에너지 효율을 향상시키는 데 중요한 역할을 한다. 예를 들어 스마트 그리드 시스템에서 AI는 에너지 수요와 공급을 실시간으로 조정하여 전력 소비를 최적화한다. 또한, AI를 통해 제품의 사용 패턴을

분석하고, 에너지 사용을 줄일 수 있는 자동화된 조정을 제공함으로써 사용 단계에서의 에너지 소비를 감소시킬 수 있다. 이러한 효율성 증가는 탄소 배출 감소에도 직접적으로 기여하며, 지구온난화와 같은 환경 문제에 대응하는 데 필수적이다.

- 지속 가능한 혁신 촉진: AI 기술은 지속 가능한 혁신을 촉진하는 데 중요한 역할을 할 수 있다. AI는 새로운 친환경 기술과 제품 개발을 가속화할 수 있는 데이터와 통찰력을 제공한다. 예를 들어, AI는 대규모 데이터 분석을 통해 기존에 사람이 생각하지 못한 새로운 설계안을 발견하거나, 기존 제품의 환경적 영향을 줄일 수 있는 대체 솔루션을 제안할 수 있다.

도전 과제와 결론

그러나 AI의 활용에는 여러 도전 과제가 존재한다. AI 시스템의 개발과 운영은 종종 대규모 데이터 센터를 필요로 하며, 이는 상당한 양의 전력을 소비한다. 이러한 전력 소비는 화석 연료의 사용을 증가시켜 탄소 배출량을 높일 수 있으며, 이는 AI의 환경적 이점을 상쇄할 위험이 있다. 또한, AI 기술의 효과적인 활용은 충분한 데이터의 접근성과 데이터 품질에 크게 의존하며, 데이터가 부족하거나 편향되어 있을 경우 잘못된 예측을 할 수 있다. 이는 AI 모델의 정확성에 부정적인 영향을 미칠 수 있다.

AI는 친환경 제품 개발의 효율성과 지속 가능성을 높일 수 있는 유망한 기술이다. 그러나 이 기술의 성공적인 적용을 위해서는 기술적·환경적 측면에서의 여러 고려가 필요하다. 제조 기업들은 AI의 잠재적인 영향을 면밀히 검토하고, 환경에 미치는 영향을 최소화하는 동시에 기술의 이점을 극대화할 수 있는 방법을 모색해야 할 것이다.

참고 문헌

- Narnia Labs(2024). https://www.narnia.ai.

- 이동언 외, 「LSTM 을 이용한 진동수주형 파력발전장치 수주높이 실시간 예측연구」, 『대한기계학회 춘계학술대회』, 2023.

- 유소영 외, 「가상 제품 개발과 메타버스를 위한 3D 합성 데이터 생성」, 『기계저널』 62(11), 2022, 32~37쪽.

- 신동주 외, 「인공지능 기반 모빌리티 설계: Deep Generative Design」, 『정보과학회지』 40(6), 2022, 25~34쪽.

- S. Oh et al., "Deep Generative Design: Integration of Topology Optimization and Generative Models", *Journal of Mechanical Design* 141(11), 2019, p. 111405.

기후변화를 막기 위해 데이터 기부를 한다면?

이다솜

카이스트 과학기술정책대학원 조교수. 밴더빌트대학교에서 사회학과 박사학위 및 양적방법론 부전공을 취득하였으며 카이스트 부임 전에는 네덜란드의 트벤테대학교에서 조교수로 재직하였다. 책임 있는 혁신(responsible innovation)과 지속 가능한 과학 기술에 대해 연구하고 에너지와 교통 분야에 특히 관심을 가지고 있다.

데이터 저장

한 가상의 인물이 보내는 하루를 그려 보자. 아침에 일어나면 컴퓨터를 켜고 그날의 뉴스를 읽는다. 이것저것 살펴보다 갑자기 몇 년 전에 본 것 같은 내용인 듯하여 검색해 보니 아니나 다를까, 5년 전에도 비슷한 뉴스가 있었다. 아침밥을 먹고 블로그를 쓰기 위해 다시 컴퓨터 앞에 앉는다. 오랫동안 운영해 온 블로그는 취미이자 생활의 일부가 되었다. 글을 쓰다 옆을 보니 고양이가 이상한 자세를 취하고 잠을 자고 있다. 잠에서 깰까 조심스레 사진을 찍고 SNS에 고양이 사진을 올린다. 고양이 사진만 올리는 계정인데 벌써 사진이 몇 백 장 쌓여 있다. 우리 고양이를 향한 사랑을 이렇게라도 보여 준다고 생각하면서 다시 블로그를 쓰기 시작한다.

이 가상의 인물은 아침부터 많은 종류의 파일을 저장하고 인터넷에 게시하였다. 솔직히 말하자면 블로그를 쓰는 것만 제외하면 나의 아침 생활과도 그리 다르지 않다. 그렇다면 이 파일들은 어디에 저장이 되는 것일까? 우리가 노트북에 저장하는 파일들이 물리적인 저장 공간을 필요로 하는 것과 마찬가지로 이러한 블로그 게시글, 몇 년 지난 뉴스, SNS에 올리는 사진들도 물리적인 저장 공간을 필요로 한다. 이것들은 어딘가에 저장이 되어 몇 년이 지나도 열심히 검색한다면 찾아볼 수 있다. 이러한 저장 공간을 '데이터 센터'라고 부른다. 우리가 매일 스쳐 지나가는 글, 사진, 동영상이 모두 저장되어 있는 곳이다. 천장까지 서버와 저장 공간이 빽빽하게 가득 차 있는 곳으로, 인터넷 또는 관련 데이터를 모아 두고 서버와 전원 공급을 위한 기계들도 있다. 마치 영화 〈매트릭스〉에 나올 법한 초록색과 파란색, 검은색 등 미래적인 색깔 사용은 물론 디스토피아적인 분위기까지 풍긴다. 데이터 센터에 출입할 수 있는 사람들은 한정되어 있다. 기업 관계자, 데이터 센터 관리자만이 출입할 수 있으며, 많은 기업은 데이터 센터의 위치를 기업 기밀로 둔다. 데이터 센터에 해킹과 같은 문제가 생기면 회사 전체가 막대한 피해를 입을 수도 있기 때문이다. 따라서 데이터 센터는 사용자들에게 가려진 곳, 하지만 현대 사회에서 필수적인 곳이 되었다.

데이터 센터와 환경

데이터 센터의 환경적인 영향은 엄청나다. 현재 가장 많은 관심을 받고 있는 환경 관련 문제는 에너지 사용이다. 24시간, 365일 항상 돌아가는 데이터 센터의 전력량은 전 세계의 1~1.8퍼센트 전기 사용량이라고 예측되고,[1] 데이터 센터의 개수가 가장 많은 미국은 총 전력 사용량의 2퍼센트라고 알려져 있다. 데이터 센터는 면적당 에너지 사용이 가장 많은 빌딩 중 하나라고 알려져 있는데, 평균 오피스보다 면적 대비 10~50배의 전력 사용이 있다고 한다.[2] 우리의 인터넷 사용량이 늘어나면 늘어날수록 그리고 시간이 지나면 지날수록 저장되는 파일의 양은 당연히 늘어날 수밖에 없고, 따라서 데이터 센터의 규모와 개수도 늘어나게 된다. 2017년에 비하여 2022년에는 서버의 전력 사용이 266퍼센트 증가했다고 하며, 2030년에는 전 세계 전력의 4퍼센트 정도를 사용할 것으로 예측된다.[3]

데이터 센터는 절대 꺼지지 않는다. 쉬지 않고 가동하느라 발생하는 열을 냉각시키기 위해서는 엄청난 양의 물이 필요하다.

중간 규모의 데이터 센터(15메가와트)는 종합 병원 세 개와 같은 양의 물을 사용한다.[4] 하나의 데이터 센터가 하루에 3백만~5백만 갤런(약 1,140만~1,890만 리터)의 물이 필요하며, 이러한 물 사용은 3만~5만 명 정도가 사는 도시의 물 사용과 비슷하다고 한다.[5] 하지만 이렇게 엄청난 물의 사용에도 불구하고 데이터 센터의 환경 문제 논의는 아직도 전력 사용에 많이 치중되어 있으며, 물 사용은 부차적인 문제라고 생각하는 경우가 많다.

데이터 센터 건물을 짓기 위해서 사용되는 토지, 건축 자재, 그리고 건축 과정에서 어쩔 수 없이 나오는 폐기물을 고려하였을 때, 데이터 센터가 향후 기후변화의 주범 중 하나로 예견되는 것도 무리가 아니다. 토지 사용으로 인한 생물다양성의 피해도 점점 논의되는 주제 중 하나이다. 데이터 센터에서 배출되는 e-폐기물도 문제가 되고 있는데 관련된 규정은 현저히 부족하다.

2010년도 데이터 센터의 국제 탄소발자국이 1.85퍼센트였던 것에 비하여, 2020년에는 3.7퍼센트로 두 배 증가하였다.[6] 미국에서는 0.5퍼센트의 온실가스가 데이티 센터 때문에 발생되었다고 한다.[7] 우리의 인터넷 및 데이터 사용이 증가할수록, 그리고 데이터의 종류가 많아질수록 데이터 센터의 탄소발자국은 기하급수적으로 증가할 수밖에 없다. 데이터 센터의 가장 큰 문제는 투명성 문제이다.[8] 이제까지 논의한 모든 통계 수치는 대략적인 것이며, 많은 수의 기업이 데이터 센터의 규모, 위치, 자원 사용에 대한 데이터 공개를 거부하고 있다. 정확한 수치와 데이터 없이는 적절한 대응이 어렵다는 것은 자명한 일이다.

첨단 기술과 데이터 센터

데이터 센터에 저장되는 데이터는 우리가 인터넷에서 사용하는 데이터뿐 아니라 요즘 많이 논의되는 인공지능을 비롯한 첨단 기술에 관한 데이터까지 포함한다. 새로운 기술을 발전시키기 위하여 이미 실행한 실험이나 관련 데이터를 수집 및 저장하는 것은 당연한 일이며, 특히 제공되거나 저장된 데이터를 기반으로 작동하는 인공지능 데이터는 분 또는 초 단위로 데이터 센터에 저장하고 있다.

자율주행자동차를 예로 들어 보자. 자율주행자동차는 데이터의 중요성을 잘 보여 주는 사례일뿐더러 현재 사회가 가지고 있는 모빌리티(mobility)의 여러 문제점을 해결해 줄 수 있는 기술이다. 첫 번째, 자율주행자동차는 교통안전을 향상시킬 수 있다. 유럽연합의 발표에 의하면 인간의 오류가 모든 자동차 사고의 94퍼센트를 초래한다고 하며, 이 중 25퍼센트는 운전자의 주의 산만이 원인이라고 한다.[9] 이러한 통계는 과장된 결과라는 비판도 많지만,[10] 자율주행자동차가 도입되면 전반적 교통안전이 크게 개선될 것이라는 의견은 대체로 일치한다.[11] 두 번째, 자율주행자동차는 이동이 어려운 사회적 소외 계층에 대한 사회적 배려에도 도움이 될 수 있다. 장애인이나 고령자 같은 사회 집단은 스스로 운전하기 어려워 장소 이동에 많은 불편함을 겪고 결국 사회적 소외가 이루어지기 쉽다. 여기에 자율주행자동차를 도입하면 많은 긍정적인 결과를 가지고 올 수 있다.[12] 세 번째, 자율주행자동차는 효율적인 운전을 통해 에너지 사용을 감소시킬 수 있다. 자율주행자동차는 인간보다 효율적인 가속, 감속, 정차를

통하여 3~20퍼센트 정도 에너지를 감소시킬 것이라 예상한다.[13]

이러한 자율주행자동차의 장점을 극대화하기 위해서는 도로 현황 및 다른 운전자들의 운전 행동에 대한 데이터가 필요하다. 자율주행자동차가 여러 다른 상황에서 어떻게 반응하고 대응하는지에 대한 데이터도 필요하다. 이러한 데이터를 수집하기 위해 자율주행자동차는 여러 센서(LIDAR, 단거리 레이더, 장거리 레이더 등) 및 카메라를 사용해 주변 환경 데이터와 자동차의 데이터를 지속적으로 수집한다. 2016년 인텔에 따르면 자율주행자동차 한 대는 매일 4테라바이트의 데이터를 생산하였고,[14] 2019년에 발표된 수치로는 매일 한 대당 5~20 테라바이트의 데이터를 생산한다고 한다.[15] 각 자동차의 센서 숫자나 저장된 영상의 해상도 등에 따라 생산되는 데이터의 양이 다르지만, 자율주행자동차 기술이 발전함으로써 더욱 많은 센서와 카메라가 장착되어 수집 및 저장되는 데이터의 양도 늘어날 것이다.

자율주행자동차가 많은 데이터를 수집하면 할수록 안전성이 증가하는 것은 당연하다. 하지만 수집하고 저장하는 데이터의 양이 많아질수록 더 많은 데이터 센터가 필요한 것도 사실이다. 앞으로 자율주행자동차가 상용화되면 지금보다 더 많은 양의 데이터를 매일 수집할 것이며, 도로 현황, 도로 이용자들의 행동 패턴 등을 비교·분석하기 위해 데이터 센터를 사용하고 컴퓨팅 파워를 사용할 것이다. 자율주행자동차의 장점을 생각해 본다면 어느 정도 감당해야 할 문제들이라고 생각할 수도 있다. 하지만 끊임없는 데이터 수집 및 저장은 기후변화 완화를 위해서라면 다시 한번 생각해 보아야 하는 문제이다.

인공지능 또는 데이터 기반 첨단 기술도 생각해 보자. 이미지·동영상 데이터, 생활·소비 데이터, 공장 생산·공급 데이터, 기업의 주식 관련 데이터, 블록체인, 날씨 데이터, 농업 관련 생산성 데이터, 부동산 데이터, 보건·의료 데이터, 사물 인터넷 데이터, 그리고 우리가 사용하는 이메일을 포함한 인터넷 발자취 등 이 모든 정보가 매 순간 수집되고 데이터 센터에 저장되고 있다. 데이터가 많으면 많을수록 더욱 정확한 분석과 예측이 가능해지지만 데이터의 양은 환경 문제와 정비례한다.

재생 에너지 사용과 데이터 센터의 투명성

문제가 발생하면 대응 방안도 검토되어야 한다(수많은 연구는 문제 제기에만 관심을 가지고 대응 방안은 논의하지 않는다). 이 글에서는 두 개의 대응 방안, 구조적인 대응 방안과 개개인을 통한 대응 방안을 논의하고자 한다.

먼저 구조적인 대응 방안이다. 데이터 센터를 운영하는 방법은 크게 두 가지가 있다. 첫 번째는 모든 데이터를 저장하는 중앙(central) 데이터 센터를 사용하는 것이고, 두 번째는 조금 더 작은 중앙 데이터 센터를 활용하되 자율주행자동차 안이나 컴퓨터 주변 등에 저장 공간을 만들어서 데이터를 저장하는 방식이다. 조금이라도 에너지의 중앙화를 벗어날수록 재생 에너지를 사용할 수 있는 기회는 늘어난다. 에너지 생산과 저장, 그리고 분배가 탈중앙화될수록 여러 에너지 자원이 사용될 가능성이 늘어나며, 태양열이나 풍력 같은 재생 에너지가 에너지 믹스에 끼어들 수 있는 공간도 증가한다. 또한 데이터 센터가 탈중앙화되면 여러 곳에 데이터 저장 공간을 만듦으로써 재난이나 사고에 대비할 수 있는 능력이 향상될 수 있다.

데이터 센터의 재생 에너지 사용 방안은 이미 여러 경로로 활발히 논의되었다. 재생 에너지는 석탄, 석유, 천연가스 같은 화석 연료보다 탄소 배출량이 현저히 적기에 기후변화 완화를 돕는다.16 하지만 재생 에너지의 단점은 공급이 원활하지 않을 수 있다는 것이다. 구름이 많이 낀 날, 바람이 불지 않는 날 들은 태양열과 풍력 에너지를 사용하기 어려워진다. 따라서 이러한 날에 대비하여 에너지를 잘 저장해 놓는 것과 얼마나 에너지가 필요할지 미리 예측할 수 있는 것이 중요하다. 충분한 양의 에너지를 저장해 놓는 것이 재생 에너지의 사용량을 늘리는 데 가장 중요한 이슈이기 때문이다. 하지만 데이터 센터 관련 에너지 사용량과 저장량을 예측하는 것에 많은 어려움을 겪고 있다. 바로 투명성 때문이다. 위에서 이야기한 것처럼 기업들은 데이터 센터의 규모, 위치, 자원 사용에 대해 기업 기밀이라며 내용을 공개하지 않고 있다.

데이터 센터의 재생 에너지 사용 비율을 증가시키기 위해 가장 중요한 것은 데이터 센터의 투명성에 관한 규정을 만드는 것이다. 법적인 규제와 규정을 통하여 데이터 센터의 에너지 사용이 조금 더 기후변화 완화를 고려하는 방향으로 나아가는 것이 중요하다.

데이터 기부

다음은 개개인의 활동을 통한 대응 방안이다. 데이터 기부는 말 그대로 나의 개인적인 정보를 자발적으로 기술 발전이나 기후변화 완화를 위해 기부하는 것이다. 여러 첨단 기술의 발전을 위해 우리의 인터넷 사용 데이터뿐만 아니라, 세부적이고 어떨 때는 민감한 개인 정보를 사용하게 된다. 따라서 많은 양의 데이터 수집을 하게 되는데 이때 엄청난 양의 데이터가 노이즈(noise) 또는 누락(missing)으로 인하여 가치를 잃을 수도 있다. 이러한 손실을 감안하기 위해 더욱 많은 데이터 수집을 하게 되고 더욱 많은 데이터 센터가 필요해진다. 아직 데이터 삭제에 관한 논의는 되고 있지 않기 때문에, 그리고 데이터가 나중에 어떻게 쓰일지 모르기 때문에 학계와 기업에서도 가능한 데이터 삭제는 지양하는 편이다. 나는 개개인의 데이터 기부로 양질의 데이터를 수집하는 것이 환경적으로 긍정적인 영향을 미칠 수 있다고 생각한다. 양질의 데이터는 전체 데이터의 수집량을 줄이고, 더욱 정확한 계산과 예측을 가능하게 하며, 무엇보다도 데이터 센터의 규모를 줄인다.

데이터 기부는 양질의 많은 데이터를 필요로 하는 보건·의학 분야에서 이미 논의되고 있다.[17] 한 연구에서는 사회적 의무라는 공감대를 형성한다면, 그리고 기부 목적을 정확히 제시한다면 사람들이 개인적인 질병 정보를 제공할 의향이 높다는 것을 제시하였다. 또한 개개인이 학계나 정부에 비해 민간 기업에 데이터 기부를 할 가능성이 비교적 낮으며, 데이터 유출에 대한 위험 인식도가 데이터 기부를 결정하는 데 중요한 요인임을 밝힌 연구도 있다.[18]

디지털 데이터가 널리 보급됨에 따라 데이터 기부의 개념이 적용되고 있다. 이러한 디지털 데이터 기부에 대한 연구가 아직 충분히 이루어지지 않았지만, 데이터센터의 사용을 줄이고 더욱 양질의 데이터를 사용하는 데 아주 중요한 역할을 할 수 있는 방법 중 하나라고 생각한다.

하지만 데이터 기부의 가장 큰 문제는 편향된 데이터 수집(biased data collection)이다. 데이터를 기부하기로 결정한 사람들은 환경이나 디지털 환경에 대해 많은 관심을 가지고 있을 확률이 높으며 교육 수준이나 소득 수준이 평균보다 높을 확률이 있다. 따라서 데이터 기부를 통해 수집된 데이터는 전국적인 일반화(generalization)가 어려울 수도 있다. 그러므로 데이터 기부의 중요성에 대해 논의하고 일반 대중을 교육하는 것이 무엇보다도 중요하다. 다양한 사회적·정치적 집단과 소통하고, 데이터 기부에 관련한 내용을 여러 미디어를 사용하여 홍보해야 한다. 청년층은 SNS를 통하여, 장년층은 대면 워크숍 또는 지역 만남 등을 통하여 대중의 인식과 참여를 높이는 것이 중요하다. 데이터 기부는 기후변화 문제에 대해 대중이 보다 적극적으로 논의하고 참여할 수 있는 기회가 될 것이다. 이러한 기회를 유도하기 위해 안전한 공간을 만드는 것이 중요하다.

누구나 자신의 개인 정보를 제공하는 것을 꺼려한다. 개인 정보가 중요하다는 것을 배웠기 때문일 수도 있고, 보이스 피싱과 같은 개인 정보 피해 사례가 많이 알려져 있기 때문일 수도 있다. 따라서 데이터 기부는 사람들의 인식과 행동을 모두 바꿀 수 있는 여러 조건을 충족시켜야 가능한 일이다. 이러한 개인적인 그리고 사회적인 변화는 단기간에 일어날 수 있는 일이 아니다. 데이터 기부의 일반화를 목표로 삼고 사회적인 논의를 계속해 나갈 필요가 있다.

마치며

통계 수치를 너무 많이 다루느라 글이 건조해져 독자의 관심을 잃는 것은 아닐까 고민했다. 하지만 현재 데이터 센터가 환경에 미치는 영향을 가장 직관적으로 보여 줄 수 있는 것이 통계 수치이기 때문에, 우리가 처한 심각하고 어려운 상황을 잘 설명하기 위해 사용하기로 했다.

데이터 센터는 숨겨져 있는 기술이다. 현대 '문명'이 존재하고 발전해 나가기 위해서는 필수적이다. 데이터 센터는 넓은 공간을 필요로 하고 환경적으로 영향을 미치기 때문에 도시보다는 땅값이 싼 시골이나 인구가 적은 지역에 짓는 것이 대부분이다. 그래서 데이터 센터는 대중과 지리적으로 그리고 심리적으로 떨어져 있는 편이다.

그럼에도 불구하고 기술 진보의 혜택을 받는 사람으로서 우리는 데이터 센터의 환경적인 문제에 대해 생각해 보아야 한다. 앞으로 데이터 센터의 규모와 개수가 줄어들 것으로 보이지는 않는다. 기술 진보의 혜택을 보다 지속 가능하게 누리기 위해서라도 조금이라도 빨리 대응 방안을 강구하는 것이 우리가 할 수 있는 최소한의 길이라고 생각한다.

1 International Energy Agency, *Data centres & networks*, International Energy Agency. https://www.iea.org/energy-system/buildings/data-centres-and-data-transmission-networks. 검색일: 2023.10.15; E. Masanet et al., "Recalibrating Global Data Center Energy-Use Estimates", *Science* 367(6481), 2020, pp. 984~986. https://doi.org/10.1126/science.aba3758; M. A. B. Siddik et al., "The Environmental Footprint of Data Centers in the United States", *Environ. Res. Lett.* 16(6), 2021, p. 064017. https://doi.org/10.1088/1748-9326/abfba1.

2 Department of Energy, *Data Centers and Servers*, Energy.gov. https://www.energy.gov/eere/buildings/data-centers-and-servers. 검색일: 2023.10.15.

3 M. Law, "Energy Efficiency Predictions for Data Centres in 2023", 2022. https://datacentremagazine.com/articles/efficiency-to-loom-large-for-data-centre-industry-in-2023.

4 D. Mytton, "Data Center Water Consumption", *Njp Clean Water* 4(11), 2021.

5 O. Solon, *Do water-intensive data centers need to be built in the desert?*, NBC News. https://www.nbcnews.com/tech/internet/drought-stricken-communities-push-back-against-data-centers-n1271344. 접속일: 2023.10.15.

6 D. Al Kez et al., "Exploring the Sustainability Challenges Facing Digitalization and Internet Data Centers", *J. Clean. Prod* 371, 2022, p. 133633. https://doi.org/10.1016/j.jclepro.2022.133633.

7 M. A. B. Siddik et al., _____.

8 P. Judge, *Why data centers need to talk about water*. https://www.datacenterdynamics.com/en/opinions/why-data-centers-need-to-talk-about-water. 접속일: 2023.10.15.

9 European Commission, *On the Road to Automated Mobility: An EU Strategy for Mobility of the Future*; Brussels: European Commission, 2018. https://eur-lex.europa.eu/legal-content/EN/TXT/?uri=CELEX%3A52018DC0283.

10 P. Koopman, *A Reality Check on the 94 Percent Human Error Statistic for Automated Cars*. https://safeautonomy.blogspot.com/2018/06/a-reality-check-on-94-percent-human.html. 접속일: 2023.1.16.

11 W. Wachenfeld et al., "The Release of Autonomous Vehicles". In *Autonomous Driving: Technical, Legal and Social Aspects*; M. Maurer et al.(eds.), Berlin, Heidelberg: Springer, 2016, pp. 425~449. https://doi.org/10.1007/978-3-662-48847-8_21.

12 H. Fitt et al., "Considering the Wellbeing Implications for an Ageing Population of a Transition to Automated Vehicles", *Res. Transp. Bus. Manag* 30, 2019, p. 100382. https://doi.org/10.1016/j.rtbm.2019.100382.

13 A. Vahidi et al., "Energy Saving Potentials of Connected and Automated Vehicles", *Transp. Res. Part C Emerg. Technol* 95, 2018, pp. 822~843. https://doi.org/10.1016/j.trc.2018.09.001.

14 P. Dave, "Self-Driving Cars Are Being Put on a Data Diet", *Wired*, 2023. https://www.wired.com/story/self-driving-cars-are-being-put-on-a-data-diet. 접속일: 2023.10.16.

15 C. Mellor, *Data storage estimates for intelligent vehicles vary widely*, Blocks and Files. https://blocksandfiles.com/2020/01/17/connected-car-data-storage-estimates-vary-widely. 접속일: 2023.10.16.

16 J. Gao et al., *Smartly Handling Renewable Energy Instability in Supporting A Cloud Datacenter*. https://ieeexplore.ieee.org/stamp/stamp.jsp?arnumber=9139872&casa_token=rgqMACF0p_cAAAAA:GWS8EzH0WXKVndueQSHBxx1qRKwqGi0HstKgOZ9xCSFzvYjaFBMMBSNLVw_SQd1CT1AbBucxfH0&tag=1. 접속일: 2023.10.17.

17 M. Bietz et al., "Data Donation as a Model for Citizen Science Health Research", *Citiz. Sci. Theory Pract* 4(1), 2019, p. 6. https://doi.org/10.5334/cstp.178.

18 K. Hillebrand et al., "The Social Dilemma of Big Data: Donating Personal Data to Promote Social Welfare", *Inf. Organ* 33(1), 2023, p. 100452. https://doi.org/10.1016/j.infoandorg.2023.100452. 한 연구에서는 데이터 기부가 높은 역량의 사회과학 연구를 보장할 수 있는 개인 정보 보호 프레임워크라고 주장했으며(L. Boeschoten et al., "A Framework for Privacy Preserving Digital Trace Data Collection through Data Donation", *Comput. Commun. Res.* 4(2), 2022, pp. 388~423. https://doi.org/10.5117/CCR2022.2.002.BOES), 다른 연구에서는 사용자의 행동을 모니터링하는 특정 소프트웨어 또는 플러그인을 사용하는 데이터 기부가 중요하다고 주장했다(C. Christner et al., "Automated Tracking Approaches for Studying Online Media Use: A Critical Review and Recommendations", *Commun. Methods Meas* 16(2), 2022, pp. 79~95. https://doi.org/10.1080/19312458.2021.1907841).

인류세의 지평과 우주론: 인류세와 기후변화가 지구에만 국한된 이야기가 아닌 이유

김동주

카이스트 인류세연구센터
핵심연구원이며, 카이스트
디지털인문사회과학부에서
인류학을 담당하고 있다. 서울대학교
인류학과에서 석사를 마친 후 폴란드
포즈난대학교에서 객원연구원으로
현지 연구를 수행하였고, 폴란드
사탕무 농산업의 사유화와 농촌
구조 조정 과정에 대한 연구로 미국
미시간대학교(앤아버)에서 역사인류학
박사학위를 취득하였다. 유럽연합
환경 정책과 19세기 동유럽 농업의
산업화 연구를 위해 독일 베를린과
프랑크푸르트에서 문서고 연구와
현지 연구를 수행하였으며, 최근에는
유럽연합의 기후변화 인식에 대한 연구,
그리고 세기말의 문서화와 문서 유통의
기호학에 대한 연구를 진행하고 있다.

민간 우주여행과 인류세라는 인식

훗날 2021년을 기억하게 될 수많은 사건 중에는 민간 우주여행의 시작을 알리는, 그래서 이제는 대중적으로 잘 알려진 기업들의 비행을 꼽을 수 있을 것이다. 5월에는 일론 머스크의 스페이스엑스가 여러 번의 시행착오 끝에 처음으로 로켓의 수직 착륙에 성공했고, 7월에는 리처드 브랜슨의 버진갤럭틱, 그리고 제프 베이조스의 블루오리진이 차례로 첫 우주여행 시도를 성공적으로 마쳤다. 전 세계적으로 이미 이름을 날렸던 억만장자들이 우주 사업을 위해 만든 이 세 기업들도 덩달아 유명해지면서 투자할 방법을 찾아보는 사람도 많아졌다. 또한 이들이 어느 정도의 고도에 도달해야 우주여행으로 볼 수 있느냐를 두고 경쟁을 벌이면서, 일반인들에게는 지구의 대기를 벗어나는 과정에 대해서 새롭게 배울 수 있는 계기가 되었다. 스페이스엑스는 로켓으로 585킬로미터 고도에 도달하여 선두를 달리고 있고, 블루오리진이 107킬로미터에, 그리고 버진갤럭틱이 86킬로미터 고도에 도달하였다. 일반적으로 지구의 대기권과 우주를 100킬로미터 정도의 카르만 라인(Kármán Line)을 기준으로 구분한다는 점을 감안하면, 버진갤럭틱이 우주에 도달하지 못했다고 평한 블루오리진의 입장에 수긍할 수도 있을 것이다. 다만 미국항공우주국(NASA, 나사)에서는, 미국 국방부가 80 킬로미터 이상의 고도로 비행한 사람을 우주인으로 규정하는 전통에 따라 유연성 있는 기준을 적용한다. 미국 기준을 적용해 본다면, 버진갤럭틱은 세 기업 중 유일하게 로켓을 사용하지 않고서 우주 비행을 수행한 셈이다.

우주여행 분야에서 국가 주도가 아니라 민간 기업이 거둔 성과는 분명 기술 진보와 경제 제도의 성공을 입증하고 있다. 그러나 다른 한편으로는 이런 성과가 앞으로 장기적인 측면에서 지구와 인류 전체에 어떤 함의를 가질지는 미지수이다. 유럽에서는 지구가 직면하고 있는 기후변화의 심각성을 외면하면서 우주여행을 낭만화하고 새로운 투자의 장으로만 그려 내는 것을 경계하는 목소리가 활발하게 나오고 있다. 당장 100킬로미터의 로켓 여행이 1,238킬로그램의 이산화탄소를 발생시키는데, 이는 일반 여객기가 11,000킬로미터를 비행했을 때 배출되는 양과 같다.[1] 이 연구를 발표한 마레이스 교수 연구 팀은 대기의 질에 영향을 주는 암모니아, 미세먼지, 질소산화물 등의 요소들을 분석하는데, 그중에 매년 발사되는 로켓들을 연료별로 분석하여 지구의 대기 환경에 어떤 영향을 주는지 측정하기도 한다.[2] 로켓의 연료가 케로신이든, 액체수소이든, 고체 연료이든, 메탄이든, 지금은 시험적인 단계에 있는 로켓 발사 빈도가 산업적 규모로 확대된다고 가정한다면 그다지 좋은 전망이 나오지는 않는다. 연료를 정제하는 과정뿐만 아니라 로켓을 제조하는 과정, 그리고 발사 중 발생하는 열 때문에 대기 중에 생성되는 질소산화물까지 감안한다면 말이다. 바로 이러한 상황 때문에 바이오프로판 연료를 사용하여 탄소 발생 및 비용을 최소화하면서 인공위성을 궤도에 올리는 기업이 유럽에서 관심을 받고 있기도 하다.

장기적으로 염려되는 것 중 다른 하나는 이른바 우주 쓰레기 문제이다. 지구의 대기권 밖, 그러나 여전히 지구의 중력으로 인해 떠돌고 있는 수명을 다한 인공위성, 부속, 혹은 다른 인공 부유물들이 그것이다. 유럽우주국(ESA)에서는 이들을 크기에 따라 분류하여 추적·관리하고 있는데, 이들을 모두 합하면 총질량이 약 9,800톤에 달한다고 한다. 1957년 이후로 현재까지 쏘아 올린 인공위성이 모두 12,500여 개이고, 여전히 궤도를 돌고 있는 위성이 7,840개, 그리고 이 중에서 기능하고 있는 위성이 5,000개 정도이며, 이에 더해 앞으로 민간 기업을 중심으로 발사 비용이 낮은 군집 위성이나 저궤도 통신 위성이 본격적으로 보급될 것이라는 점까지 감안한다면 우주 쓰레기는 더욱 급격하게 늘어날 것으로 예상된다.[3] 내가 자문을 구하기 위해 대화를 나누었던 한 천문학자는 민간 기업들이 현재 계획 중인 소형 위성의 숫자가 현재 기능하는 위성의 수만큼 된다면서, 궤도의 포화 문제가 먼저 발생할 것이라고 조심스럽게 경고하였다.

탄소 배출이 좀 더 직접적으로 대기권에 영향을 주는 문제라면, 지구 주변 궤도를 떠도는 쓰레기를 지구 환경 시스템의 문제로 볼 수 있는지에는 모호한 측면이 있다. 우주 비행의 성공을 규정하는 것이 우주의 시작점을 어디로 잡는지와 연관되었던 것처럼, 지구 중력의 영향은 받지만 지구 대기권 밖에 존재하는 부유물들이 지구 환경의 지속 가능성과 어떤 관계를 맺는지가 명확하게 규명되지 않았기 때문이다. 이러한 상황에서는 지구를 하나의 환경 시스템으로 보는 시각과 더불어 지구가 수많은 행성 중 하나라는 인식이 동반되어야 한다. 아래에서 자세하게 살펴보겠지만, 지난 세기 전반에 걸쳐 서서히 등장한 일련의 인류세 개념들은 이미 지구를 행성으로 인식하고 있었던 것 같다.

자연과학 분야와는 별개로 탈식민주의 조류에서는

스피박(Spivak)이나 길로이(Gilroy) 같은 사람들이 이미 십수 년 전에 행성적인 주체(스피박), 행성 의식(길로이) 같은 개념들을 제안하였다. 그리고 이제는 행성적인 인식이 실제로 우리가 지구를 사고하는 과정에 반드시 필요한 시점이 온 것이다. 스피박은 자연환경과 맺는 자본주의적인 관계를 넘어서 자연을 통제하거나 대상화할 수 없는 새로운 타자성(alterity)을 위한 인식론적 탐색으로 행성성(planetarity) 개념을 제안했고, 길로이는 국민국가의 틀에 기반한 세계와 인종 범주를 뛰어넘어 인식할 수 있는 가능성을 추구하기 위한 시각으로 행성 의식(planetary consciousness)을 제안하였다.[4] 두 사람이 제안한 행성 차원의 시각은 방향은 다르지만, 이들의 취지를 살리려면 행성으로서의 지구를 다시 단순하게 자연환경으로 환원시키지 않는 시각과 방법을 새롭게 찾아야 한다. 이와 함께 지금까지 우주를 활용과 개발의 대상으로 바라보고 인식하던 시각도 함께 전환되어야 한다.

인류세의 스케일, 우주라는 스케일

2021년 10월 21일에 한국형 발사체 누리호를 발사하면서 생중계되었던 일, 그리고 같은 달 23일에 나사의 로버 퍼시비어런스가 화성의 바람 소리를 전해 준 일 등 실로 우주 탐사는 우리에게 더욱 가까운 일상의 화제가 되었다. 한 기업, 한 나라의 수준에서 로켓 발사가 가지는 의미는 이미 여러 곳에서 다각도로 따져 보았으니, 여기에서는 인류의 미래에서 우주가 가지는 더 크고 장기적인 의미를 밝혀 보려고 한다. 미지의 세계에 대한 호기심과 동경 이상으로 우주가 인류에게 매력적인 이유는 무엇일까? 냉전 시대의 우주 탐사와 현재의 우주 탐사는 어떻게 다를까? 현재 시점에서 우주여행 혹은 우주를 향한 모든 인간 활동에 인류세 개념이나 시각을 적용해 보면 어떻게 볼 수 있을까? 무엇보다, 인류세라는 시각을 통해 보았을 때 우주는 과연 기존의 방식과 다르게 보일까?

새로운 지질시대의 이름으로 제안된 인류세 개념은 인간의 활동으로 인해 지구의 환경이 변화하고 있음에 초점을 두면서, 우리가 살고 있는 시대를 인류의 진화 과정, 그리고 지구를 행성의 역사라는 거대한 시간 차원 안에서 볼 수 있게 한다. 또한 공간적으로도 기후변화를 인식하기 위해 지역이나 대륙, 대양을 넘어서서 대기권까지 포함하여, 순환하는 지구 시스템 전체를 조망하도록 독려하는 효과를 가져오기도 하였다. 그러나 우주에는 인류가 터를 잡고 정착한 곳도 아직 없고, 우주에서 이루어지는 일들이 지구상의 일과 어떤 연관을 가지는지 명확하게 드러나지도 않는다. 위에서 살펴보았듯이, 로켓 발사와 우주여행은 앞으로 일상화될 것으로 보이지만 이것이 지구의 대기권과 기후변화에 미치는 영향 이외에 주목할 점이 있을까?

인류세와 우주는 경험하거나 규정하기 어려운 실체들이기는 하지만, 뚜렷한 실체가 규명되기 이전에 우선 인간에게 시공간을 특정한 방식으로 색인(index) 혹은 지목하는 관념, 그리고 개념으로 분명하게 작용한다. 즉, 지구상에서 인류가 경험하거나 기록해 온 경험 바깥의 영역으로 상상의 시공간을 확대하는 역할을 한다는 뜻이다. 눈앞에 두고 분석할 수 있는 대상이 아니기에 오랫동안 축적된 관찰과 성찰, 가설과 검증의 결과로 파악하고 있지만, 여전히 모르는 것이 많이 남아 있다. 현재 우리가 지구에서 경험할 수 있는 극단적인 지형이나 기후를 통해서 과거의 빙하기나 화성의 지표면을 파악하는 이유도 바로 여기에 있을 것이다.

그렇지만 인류세와 우주는 각각 지목하는 시공간적인 방향이 다를 수밖에 없다. 인류세는 과거와 현재 확보 가능한 데이터를 가지고 모델로 예측하는 시간적인 축을 중심으로 색인이 이루어진다. 우주를 향한 시선은 이와 달리 더욱 큰 스케일의 시간을 거슬러 올라가며 더 먼 미래를 내다보고 그 거대한 단위로 공간적 거리를 환산하는데, 그 결과 지구는 수많은 태양계 중 하나의 태양계 안에서 생성된 보잘것없는 행성으로 보이게 된다. 인류세와 우주는 시간적으로나 공간적으로 서로 너무도 다른 스케일의 개념들이기 때문에 우리에게 익숙한 언어로 일상적인 경험에 최대한 가깝게 매개하여 인식하려는 노력이 부지불식간에 이루어지며, 과학적 연구도 이와 같은 방식으로 수행된다.

대화를 나누었던 한 천문학자는 이러한 매개 과정을 "낯익게 보기"라는 말로 표현하면서, 이 표현이 우주를 연구하는 사람들 사이에서 많은 공감을 얻고 있다는 설명을 덧붙였다. 즉, 우주를 연구할 때에 너무도 다른 조건과 환경을 관찰하거나 상정하기 때문에, 최대한 그런 것에 가까운 조건을 지구에서 찾거나 경험하면서 연구를 수행하면 많은 도움이 된다는 의미였다. 현재까지 알려진 것을 토대로 상상력을 동원하더라도 그것이 구체성을 가지기 위해서는 어떤 주어진 환경을 상정하는 것이 필요하다는 의미이기도 하다. 이와 같은 인식은 우리나라에서만이 아니라 외국 사례에서도 찾아볼 수 있다. 리사 메서리는 미국의 화성 연구자들 사이에서, 그리고 칠레의 천문대에서 수행한 현장 연구를 바탕으로 기술한 에스노그래피에서 우주 연구자들이 우주 공간을 친숙하게 하는 "장소만들기(placemaking)" 과정을 중점적으로 분석하였다. 인류학자들이 현장 연구를 통해 낯선 곳에서 친숙한 타자를 발견해 가는 것처럼, 우주 연구자들은 낯선 공간인 우주를 낯익은 장소로 만들어 새롭게 발견한다는 것이다.5

우주 탐사를 위한 준비 단계에서 이러한 장소만들기가 이루어지는 것을 흔히 찾아볼 수 있다. 나사가 아르테미스 계획의 일환으로 2020년에 화성으로 보낸 로버 퍼시비어런스(Perseverance)에는 총 일곱 가지의 주요 관측 장비가 실려 있는데, 담당 연구 팀은 이 장비들을 화성과 비슷한 환경인 네바다 사막에서 시험하며 조정하였다. 이 팀에는 심해 탐사 장비를 다루었던 연구자들이 합류하였으며, 다양한 전문성을 가진 팀원들이 탐사 및 통신의 우선순위에 대하여 함께 의사 결정을 내리는 상황도 훈련하였다.6 나사의 우주 비행사들도 빛을 차단한 실험 수조 안에서 우주 탐사 상황에서 접하게 될 일광 조건과 중력, 그리고 우주복 착용감을 경험하는 훈련을 한다. 이 두 사례 모두 우주에서 처음 대하게 될 조건과 상황을 지구상에서 찾고 재현하여 익숙하게 만드는 장소만들기 노력으로 볼 수 있다.

이와 같은 장소만들기 작업은 우주 공간이나 행성에서 일어나는 미시적인 현상들을 거대한 시간 스케일 속에서 진행되는 과정에 위치시켜 파악하는 노력과 병행하여 이루어진다. 천문학 분야 중에서 행성학이 지질학, 특히 지형학과 밀접하게 연결되어 있는 이유도 바로 여기에 있을 것이다. 지구를 형성하고 있는 물질들의 관계는 태양계 안의 다른 행성들에서도 비슷한 변수들의 영향을 받기 때문이다. 인류의 진화와는 매우 다른 규모의 태양계 시간 스케일이 공통적으로 적용된다는 점도 중요하다. 태양계에서는 태양의 성쇠와 수명에 따라 행성들이 직접적인 영향을 받으며 성쇠를 함께 겪을 운명이다. 이와 같은 시간 스케일에서는 인류가 살기에 최적인 온도를 현재에는 지구에서 찾아볼 수 있지만, 몇 세기 후에는 지구보다 먼 화성에서만 찾을 수도 있다. 이러한 '행성 간 이주'가 단순한 호기심이나 탐험, 혹은 식민 지배를 위한 것이 아니라 생존을 건 절박한 이주가 될 가능성이 없지 않다는 의견을 제시한 천문학자도 있었다. 결국 행성의 형성과 쇠퇴에 대한 이해는 지구의 형성과 쇠퇴에 대한 이해에 기반하며, 태양계의 차원에서 보면 그 역도 성립한다고 말할 수 있다.

나사 존슨센터의 중성부력실험실에서 우주 비행사들이 달의 빛, 표면, 그리고 중력 조건을 경험하고 있다.7

행성으로서의 지구와 인류세 개념의 계보

인류세 개념은 사실상 지질학 분야에서 대두되었기 때문에 지구와 다른 행성에 대한 학문적인 탐구와 떼어 낼 수 없으며, 심층적인 수준에서 태양계의 시간 스케일을 공유할 수밖에 없다. 그러고 보면 지구를 특별할 것이 없는 하나의 행성으로 바라보는 시각은 19세기 중반 이후 현대 지질학의 기반이었던 것으로 보인다. 현대 지질학과 대륙이동설 및 판구조론의 선구자였던 에두아르트 쥐스는 단적으로 지질학의 시간 스케일을 다음과 같이 표현하였다. "우리가 목격하고 있는 것은 바로 지구의 붕괴이다. 물론 이 붕괴는 아주 오래전부터 시작되었지만, 인간의 수명이 짧은 덕분에 절망하지 않고 지낼 수 있었던 것이다."[8] 오스트리아의 지질학자였던 그는 1883년에 자신의 역작인 『지구의 얼굴』에서 암석권(Lithosphäre)과 수권(Hydrosphäre), 그리고 생물권(Biosphäre)을 각각 구분하여 명명하고, 시공간적으로 경계가 명확한 이 생물권을 다시 태양의 직접적인 영향을 받는 생물들과 받지 않는 생물들로 구분하였다.[9] 지구의 수명이 40억 년 정도 남았다는 추정을 감안하면 '붕괴'라는 표현은 과장된 면이 없지 않지만, 지구를 철저하게 행성으로 바라보는 그의 시각은 인류 중심적인 편향에 빠질 수 있는 인류세 개념에 대하여 시사하는 바가 크다. 쥐스의 생물권 개념은 훗날 블라디미르 베르나츠키(Vladimir Vernadsky)에 의해 대중화되며, 베르나츠키가 정신권(noösphere) 개념을 추가하는 배경이 된다.

비슷한 시기에 러시아에서 토양학의 기반을 마련한 지질학자 바실리 도쿠차예프(Vasily Dokuchaev)는 암석권이나 광물의 연구만으로는 토양에 대한 이해가 불가능하다고 판단하여 토양 형성의 모델을 구상하였다. 기후, 생물, 지형, 광물, 그리고 시간이라는 다섯 가지 변수를 가지고 토양의 조성과 특성 분류 모델을 완성하였는데, 생물의 기여와 시간 차원이 독립된 변수로 취급된 것이 특이하다. 도쿠차예프의 모델은 쥐스의 생물권 개념보다 생물의 능동적인 역할을 실질적으로 반영하고 강조한다는 점에서 중요한 의미를 가진다.

쥐스와 도쿠차예프가 행성으로서의 지구가 형성되는 과정에서 주요하게 관계를 맺는 영역들을 구분하였다면, 우크라이나 출신의 러시아 광물학자이자 지구화학자인 베르나츠키는 생명체가 지구의 형성에서 수행하는 역할을 더욱 강조하였다. 1911년에 쥐스를 만나 영향을 받았던 베르나츠키는 생물권이 대기권을 구성하는 산소, 질소, 그리고 이산화탄소의 생성과 순환에서 필수적인 역할을 수행한다는 점에 주목하였다. 그래서 1920년대에 이러한 취지로 여러 저작을 발표했고, 생물권 중에서도 인간의 인지 활동과 이성의 작용이 지구의 형성과 변화에 영향을 준다는 점을 강조하는 정신권 개념을 제안했다. 베르나츠키의 정신권 개념이 종교적인 색채가 없이 과학적이고 세속적인 개념이라면, 피에르 테야르 드샤르댕(Pierre Teilhard de Chardin) 신부가 동일한 낱말로 제안한 정신권 개념은 인간의 의식 혹은 성령이 성취하는 상태로서 신학적인 개념이었다.

인류세 개념은 지난 세기 내내 발달하고 있었던, 행성으로서의 지구를 개념화하려는 노력의 연장선상에서 등장하였다. 그렇기에 우주를 바라보는 시각, 지구를 수명이

다할 수 있는 하나의 행성으로 인식하는 차원이 인류세라는 개념 안에 전제되어 있다고 보아야 할 것이다. 생물권의 역할이 점차적으로 커지는 지질학적 시간 스케일 안에서 인류의 진화가 시작되어 인간의 활동이 지구 환경에 영향을 주고 있으며, 바로 그 상대적으로 짧은 기간에 인간 활동으로 인한 기후변화가 일어나고 있는 것이다. 지구를 구성하는 각 권역(sphere)이 서로 어떻게 영향을 주고받는지는 아직도 만족스럽게 규명되지 못하고 있다. 권역의 경계, 그리고 각 권역을 분석하는 방식의 경계가 보통은 학문 분야의 경계와 일치하기 때문이다. 가이아 가설을 이러한 권역 개념들의 계보 안에서 파악하면, 새로운 것을 주장하는 가설이라기보다는 어쩌면 이 경계들을 극복하자는 지구 시스템적 접근에 대한 요구일지도 모르겠다. 인류세 개념이 행성으로서의 지구에 대한 새로운 거대 담론으로 등장한다면, 권역들을 아우르고 그들 사이의 경계 넘나들기를 가능하게 하는 든든한 배경이 되었으면 한다.

우주를 바라보며 시각을 넓힌 인류세 개념은 지구가 행성이라는 시간 스케일 안에서 여전히 형성되며 노쇠하고 있다는 사실, 그리고 인간의 활동이 행성에 가지는 영향력을 과장할 필요는 없으나 그 의미를 축소시켜 이해하는 것은 더더욱 경계해야 함을 시사한다. 지구의 상태가 현재 진행형이라는 인식은 현재 모든 연구 분야가 상태보다는 과정을 설명하고 이해하려 노력하는 경향, 잘게 쪼개는 분석적인 접근보다는 영역들 또는 권역들 사이의 연관을 찾아내어 종합하려는 시스템적 접근과 맞물려 있다. 우주에 대한 시선이 지구에 함의를 가지는 것처럼, 지구에

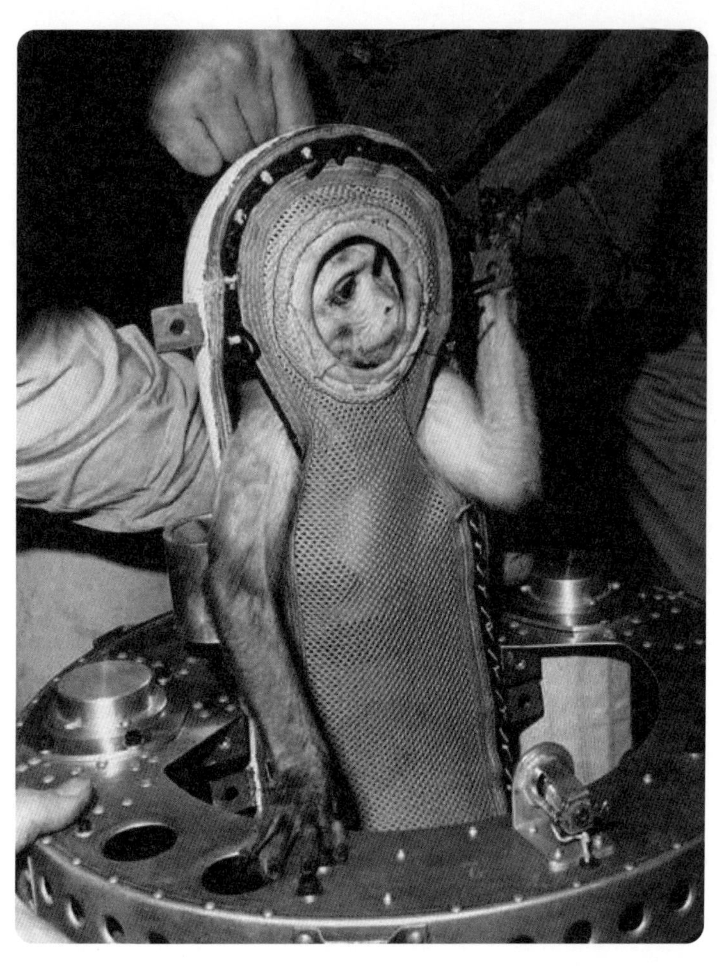

1959년 나사의 머큐리 프로젝트에 참여했던 히말라야원숭이 샘(Sam).10 사진: 나사

대한 인류세의 시각을 우주 공간과 다른 행성에 반영하는 노력도 필요하다. 자본주의 체제에서 이윤을 목적으로 하는 탐험과 개발의 대상으로서 우주가 가지는 의미는 이미 충분히 대중적으로 알려졌다. 이제는 행성들 사이의 연결을 만들어 내는 인류세가

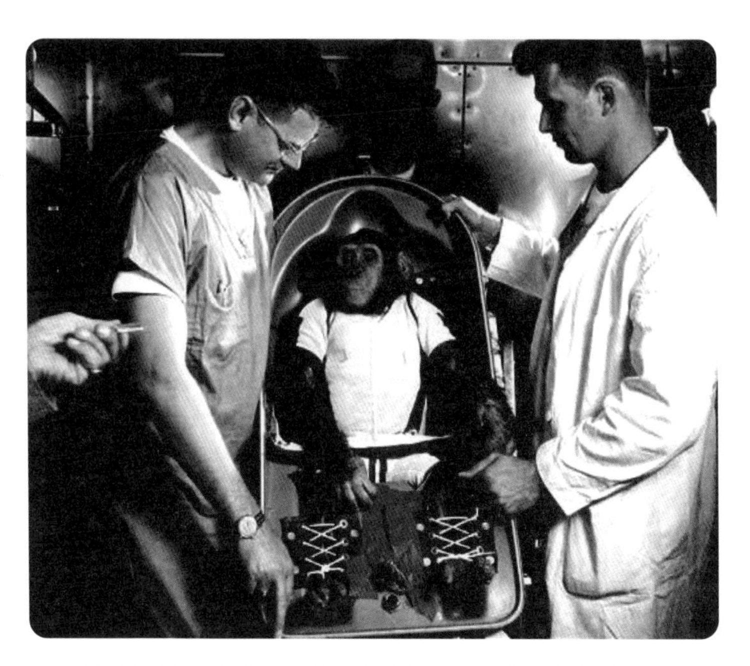

1961년 머큐리 프로젝트의 일환으로 시험 비행을 수행한 침팬지 햄(Ham).11 사진: 나사

태양계 차원에서 가지는 함의를 진지하게 이야기할 때가 되었다.

인류세와 우주에 대한 이 짧은 글을 맺으면서 지구의 생물권 내 이종(multispecies) 관계 측면에서 상기하고 싶은 것이 있다. 1947년에 로켓에 실린 초파리들이 우주가 시작되는 고도에 도달하고 피폭 없이 무사히 돌아오면서부터 본격적으로 시작된 동물 실험은 최근까지도 지속되고 있다. 냉전이 한창이던 우주 탐사의 초기에는 주로 쥐와 영장류, 그리고 개가 사용되었는데, 1957년에 스푸트니크 2호를 탔지만 지구로 돌아오지 못한 소련의 유기견 라이카(Laika)가 가장 널리 알려진 사례이다. 로켓의 연료와 산소가 소진되기 전 7일 만에 안락사되었다는 소련의 공식 발표와는 달리, 발사 후 수 시간 이내에 열중증으로 사망했다는 것이 2002년에서야 뒤늦게 밝혀졌다. 한편 프랑스는 1960년대에 신경계 데이터가 풍부하다는 이유로 고양이를 실험동물로 선호하였다. 우주에 보내는 동물은 점차적으로 다양해지는 경향이 있었다. 자라와 개구리, 거미, 선형동물인 네마토드도 우주에 다녀왔고, 최근에는 물고기를 우주 정거장에 보내기도 했으며 곰벌레가 지구 궤도에서 열흘간 생존하기도 했다.[12] 우주 탐험이 경쟁적으로 이루어지던 냉전시대와는 달리 최근에는 동물을 사용하는 실험의 윤리 기준이 강화되었다. 하지만, 이종 관계의 측면에서 우주 탐사를 위해 동물을 이용하는 것과, 동물과 함께 우주를 탐사하는 것을 구분할 수 있는지는 인류세라는 과정의 시각에서 더욱 심층적으로 검토되어야 할 것이다.

1 Eloise Marais, "Space tourism: rockets emit 100 times more CO2 per passenger than flights—imagine a whole industry", *The Conversation*, 2021.7.19. https://theconversation.com/spacetourism-rockets-emit-100-times-moreco-per-passenger-than-flights-imaginea-whole-industry-164601; Katherine Gammon, "How the billionaire spacee race could be one giant leap for pollution", *The Guardian*, 2021.7.19. https://www.theguardian.com/science/2021/jul/19/billionaires-space-tourism-environment-emissions.

2 마레이스 교수 연구 팀 홈페이지. https://maraisresearchgroup.co.uk.

3 https://www.esa.int/Safety_Security/Space_Debris/Space_debris_by_the_numbers.

4 Paul Gilroy, "'Where Ignorant Armies Clash by Night': Homogeneous Community and the Planetary Aspect", *International Journal of Cultural Studies* 6(3), 2003, pp. 261~276. https://doi.org/10.1177/13678779030063002; G. Spivak, *Death of a Discipline*, Columbia University Press, 2003.

5 Lisa Messeri, *Placing Outer Space: An Earthly Ethnography of Other Worlds*, Duke University Press, 2016.

6 https://www.nasa.gov/centers-and-facilities/jpl/nasa-perseverance-mars-rover-scientists-train-in-the-nevada-desert.

7 나사 인스타그램(2022.2). https://www.instagram.com/p/CZngblBpqMj.

8 Eduard Suess, *Das Antlitz der Erde* vol. 1, Wien: F. Tempsky, 1883, p. 778. 엄밀한 의미에서 곤드와나대륙 가설을 제기한 쥐스를 판구조론자로 구분할 수는 없다. 20세기 들어서 제기되는 판구조론은 암석권 아래의 연약권(asthenosphere) 개념이 전제되어야 하기 때문이다.

9 Eduard Suess, _____ vol. 2, p. 269.

10 https://commons.wikimedia.org/wiki/File:Sam_prior_to_Little _Joe_2_-_C-1959-52201.jpg.

11 https://www.nasa.gov/image-feature/chimpanzee-ham-withtrainers.

12 Colin Burgess et al., *Animals in Space: From Research Rockets to the Space Shuttle*, Springer, 2007.

흙으로

이소요

미술작가, 한국예술종합학교 강사.
자연사 표본과 도해의 역사를 다루며,
다종적 접근에 관심이 있다.

쓰레기 매립지에서

> 쓰레기 매립지는 최후를 맞은 사물들이 모이는 종착지에 그치지 않는다. 이곳은 우리가 나머지 생태계를 어떻게 조작하고, 그에 대해 배우고, 이름 붙여 분류했는지, 또 이윽고 땅을 메움으로써 어떻게 우리 행성을 점유하고 뒤덮는지에 대한 설명이기도 하다.[1]

탐조가 팀 디는 2018년 저술한 『쓰레기 매립지: 인류세의 갈매기 탐조와 쓰레기 정리에 대한 단상』에서 이렇게 적고 있다. 이 책은 영국의 수도권 매립지 핏시(Pitsea) 폐기물 관리장에서 음식물 쓰레기의 분해자로 살아가는 갈매기를 주인공으로 "야생화된 잔여물과 맺는 새로운 도시 관계망"[2]을 따라간다. 저자는 '쓰레기'나 '플라스틱'을 막연하게 죄악시하기보다 지구계의 수많은 물질 순환 과정의 평등한 구성 요소로 여기고 깊숙하게 들여다본다. 그리고 우리가 지구의 물질을 재배치하여 삶을 지속하고 부산물로 쓰레기를 만들어 내는 것은 당연하며, 쓰레기가 공간을 점유하고 때에 따라 독으로 작용할지라도 이것이 동시에 "생동한다"[3]는 점에 주목한다. 디가 목격한 쓰레기 매립지는 갈매기가 먹이 활동을 할 수 있는 생태적 틈새가 된다.[4] 인간이 분해하지 못하고 남긴 물성이 또 다른 생물의 세계에서는 삶의 터전인 것이다. 장기간에 걸쳐 자리 잡은 이 장소가 더는 소용이 없어 복토하고 공원화하거나, 폐기물을 소각하여 없앤다면 그곳에 살던 갈매기들은 어디로 이주할 것인가? 사람과 더불어 살던 이 새들이 오지로 떠나기보다는 도심으로 어촌으로 다시금 우리 삶에 침투할 것을 예상할 수 있고, 또 다른 불편함으로 이어질지 모른다. 저자는 청년기부터 수십 년간 조류학 전문가들과 함께 갈매기를 탐조해 왔고, 영국에 서식하는 갈매기과(Laridae) 생물종을 거의 모두 목격했다. 그가 본 갈매기는 혹자의 눈에 다 똑같아 보일지라도 실은 어러 종이 있으며, 변이와 교잡이 일어나면서 분류를 어렵게 한다. 그 가운데 희귀종, 보호종인 동시에 유해 생물로 혐오의 대상이 되거나 쓰레기를 뒤지는 하찮은 부랑자로 취급받는 사례도 있다. 사람이 임의로 판단하고 평가하는 갈매기의 가치와 실제 이들의 삶은 괴리되어 있다. 마찬가지로 쓰레기 매립지에 대해 우리가 가지는 혐오와 금기는 그 물성을 멀리하면 할수록 깊어만 갈 것이다.

환경사학자 후지하라 다쓰시는 2022년 우리말로 번역된 『분해의 철학: 부패와 발효를 생각한다』에서 물질이 인간과 비인간 사이에서 만나는 "접점(예컨대 주방이나 토양)"에서 근대화 이후 물질 순환의 "다원적인 관계가 어떻게 해서 (…) 급격히 단조로워졌는가"를 질문한다.[5] 그는 마소가 밭을 갈던 시절 동물이 동력뿐 아니라 분뇨를 통해 퇴비를 제공하고, 경작한 작물로 만든 여물을 먹고, 사람과 정서적으로 교감하거나 젖과 고기를 제공하고 농기계로 쟁기를 사용했는데, 오늘날의 농업에서는 유기 화학 비료와 트랙터로 넓은 사각형의 밭을 일구게 되면서 우리가 먹는 음식에 대한 경험이 제한되었음을 예로 든다.[6] 쓰레기 매립지는 저자가 말하는 물질 순환의 접점 중 대표적인 장소이다. 이곳은 생산과 똑같이 중요한 부패와 분해, 그리고 나아가서는 물질의 변성과 보존이 동시에 이루어지는 곳으로 이 경계에 다가가기 위해서는 특별한 감수성이 필요하다. 배설과 폐기, 도축, 장묘 등 죽음, 소멸, 분해를 담당하는 시설은 혐오하고 주거지 가까이 두기를 거부하는 오늘날 우리 문화에서 실은 가까이 알아 가야 할 삶의 일부인 것이다.

팀 디가 쓰레기 매립지 표면의 생물상(生物相)에 접근했다면, 필자가 속한 연구 팀은 땅속으로 시선을 돌려 그 단면을 떠내어 들여다보는 중이다. 필자는 2022년부터 카이스트 인류세연구센터의 〈인간유래 폐기물(Anthopogenic Wastes)〉 연구 프로젝트에 참여하고 있다〈1〉. 이 프로젝트는 인간 활동으로 만들어지고, 옮겨지고, 묻혀서 마치 지층처럼 쌓이고 있는 쓰레기 매립지의 물성과 의미를 알아보기 위해 시작했으며, 지질학자, 미생물학자, 사회학자, 그리고 예술가가 모여 협업한다. 미술작가인

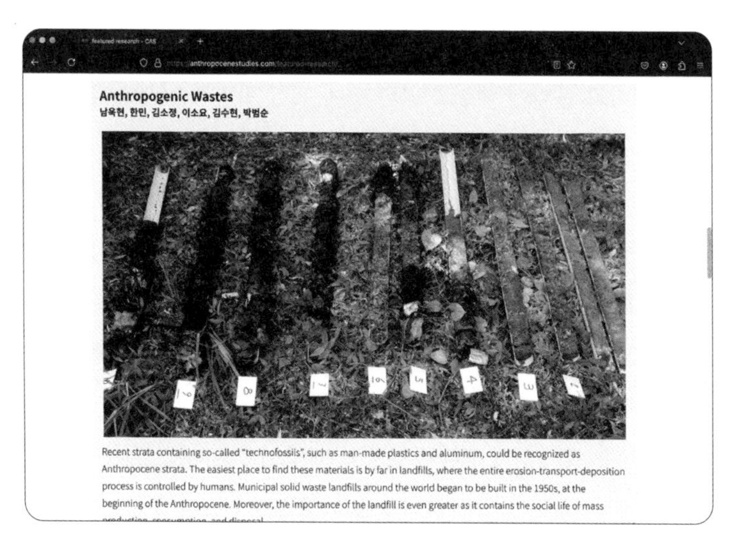

〈1〉 카이스트 인류세연구센터 〈인간유래 폐기물(Anthropogenic Wastes)〉 연구 프로젝트 홈페이지7

필자는 이 연구 팀에서 시각화를 담당하여 연구 과정을 사진과 비디오로 기록하는 일, 쓰레기 매립지에서 수집한 물질 시료를 표본화하는 일, 이 물질의 사회문화적 의미를 살펴보는 일을 한다. 그 결과물은 자연과학 파트에서 연구 자료로 활용하기도 하고, 미술관에서 예술 작품 형식으로 전시도 한다〈5〉.8

영어에서 '웨이스트(waste)'는 사용하고 버리는 폐기물을 뜻하면서 동사형으로 '낭비하다'의 의미도 가진다. 우리는 몸, 집, 사회를 유지하는 데 지구를 구성하는 여러 물질을 가져다 쓴다. 이때 꼭 필요한 만큼만 얻어서 완전히 소진하고, 부산물이 발생하더라도 자연계의 다른 곳으로 순환한다면 낭비가 발생하지 않을 것이다. 우리가 날마다 필요 없어져 버리는 것들을 돌아보면 과연 이 많은 양의 물질이 다른 곳에서 이용될 수 있는 것인지, 끊임없이 쌓이기만 하고 독이 되어 돌아오지 않을지 걱정하지 않을 수 없다. 그러나 이와 같은 생각은 대체로 막연한 염려에 그칠 뿐. 분리하고 문밖에 내놓고 나면 그에 대한 기억과 미래에 대한 상상까지 함께 떠나보내고, 곧 다시 새로운 물자를 소비하곤 한다.

우리가 버리는 것 중 상당량이 매립지에 모인다. 이곳으로 들어간 물질이 어떤 모습을 하고 있는지 볼 기회는 흔치 않다. 종이나 과일 껍질 같은 것은 유기물이므로 분해되어 흙 속으로 사라지고, 플라스틱은 수백 년간 썩지 않은 채 쌓여 가고 있을 것이라 막연하게 생각할 뿐이다. 〈인간유래 폐기물〉 연구 팀 역시 조사를 시작하기 전에는 비슷한 입장이었다. 우리가 가진 공통의 큰 질문은 '매립지 폐기물을 지질학의 관점에서 하나의 퇴적층이나 기술화석(technofossil)으로 볼 수 있는가?'였고,

이 물음에 다가가는 첫 단계로 매립지 폐기물이 '인간유래'라는 하나의 범주로 묶을 수 있는 상태에 있는지, 쓰레기가 도입되기 전 기반이 되는 지층과 명확하게 구분되는지 판단해야 했다. 연구 팀의 지질학자가 제안한 검사 방법은 코어 보링(core boring)이었다. 이것은 지하 광물의 조성과 상태, 분포 등을 조사하기 위해 땅에 구멍을 뚫고 '암심'이라 부르는 기둥 모양의 암석이나 토양을 채취하는 방법이다. 모래에 빨대를 꽂으면 대롱에 갇힌 내용물을 밖으로 떠낼 수 있는 것과 같은 원리이다. 이 기법은 토목과 건축 분야에서 지반 적합성을 증명할 때 자주 사용하며, 지질학·고고학 연구에도 활용한다. 만일 땅속의 사물을 출토하는 것이 목적이었다면 구덩이를 파고 좌표를 기록하며 발굴하는 트렌치 조사(trenching)가 적합했겠지만, 소량의 대표성 있는 물질 시료는 기계를 사용하는 코어 보링으로 더 빠르고 간편하게 얻을 수 있었다.

연구 현장을 정하는 일은 예상대로 까다로웠다. 매립지 안에서 무엇이 나올지 알 수 없는 상황에서, 내용물을 깊숙히고 자세하게 들여다본 후 공개하는 연구를 선뜻 허락하는 장소를 만나기 어려웠다. 사용 종료한 주요 도시 매립지인 서울 월드컵공원과 부산 낙동강하구에코센터부터 접촉하였으나 허락을 얻지 못하다, 마침내 경기 남부의 한 소규모 매립지를 조사할 수 있었다. 연구가 아직 과정에 있고, 담당 지방자치단체에서 지명 공개를 희망하지 않아 명칭과 위치는 밝히지 않는다. 이곳은 1980년대 후반과 1990년대 초반 사이 약 4년 반 동안 지역에서 발생한 생활 폐기물이 매립된 후 지난 30년간 사용하지 않은 장소이며, 도로 공사 과정에서 발견되어 화제가 된 적이 있었다. 이 같은 부지는 전국에 걸쳐 천 군데가 넘고 그 규모와 상태가 다양하다.[9] 우리 현장처럼 1990년대 이전 건설한 한국의 쓰레기 매립지는 침출수와 가스 처리 시설이 없는 곳이 많았고, 분리수거 시행 이전 여러 종류의 물질을 섞어서 모았다고 한다. 이 같은 장소들은 악취, 동식물 번식, 독성 물질 유출 등 우리 삶에 불편을 끼치므로 정비와 안정화 사업으로 관리하게 된다. 2003년 우리 현장에 대해 관할 지자체에서 발행한 정밀 조사 보고서에 따르면 방수 시트, 배수로, 차수벽, 가스 포집공, 침출수 집수정이 설치되어 있고, 매립지 상단에 묘목이 심겨 있다고 하였다.[10] 이 보고서에는 유기물 대부분이 분해되어 물질 표본의 90퍼센트 이상이 흙과 모래로 파악되었고, 난분해성 물질인 플라스틱이 소량 검출되었고, 침출수와 메탄가스 농도는 안정화 기준을 만족하며, 지반 침하의 증후가 없으므로 사후 관리를 종료한다고 되어 있었다.

아까시나무 숲에서

2022년 5월 23일, 필자 그리고 촬영을 맡은 동료 예술가가 현장을 방문하였다〈2〉. 이틀 후 야산에 길을 내고 코어 보링 지점의 풀과 나무를 걷어 낼 예정이라 손 닿기 전 상태를 살펴보고 싶었다. 지자체 보고서에서 심은 묘목은 아까시나무(*Robinia pseudoacacia* L.)와 벚나무속(Prunus sp.)이었고, 20년을 보내며 활착이 잘 이루어진 상태였다. 일부러 심은 이 나무들 사이로 오갈피나무(*Eleutherococcus sessiliflorus*), 모감주나무(*Koelreuteria paniculata* Laxm.),

〈2〉 쓰레기 매립지 사전 조사 기록 사진

무궁화(*Hibiscus syriacus* L.), 찔레나무(*Rosa multiflora* Thunb.), 복사나무{*Prunus persica* (L.) Batsch}, 귀룽나무(*Prunus padus* L.), 갈참나무(*Quercus aliena* Blume), 쥐똥나무(*Ligustrum obtusifolium* Siebold & Zucc.), 은행나무(*Ginkgo biloba* L.), 산뽕나무(*Morus bombycis* Koidz.), 회양목(*Buxus microphylla* var. koreana Nakai ex Rehder)을 비롯한 활엽수들이 들어오며 작은 숲이 이루어졌다. 이곳을 둘러싼 주변 산에 침엽수가 우세한 것과 대조적으로 보였다. 나무 아래는 긴병꽃풀{*Glechoma grandis* (A. Gray) Kuprian.}, 뱀딸기{*Duchesnea indica* (Andr.) Focke}, 도깨비사초(*Carex dickinsii* Franch. & Sav.), 바랭이{*Digitaria ciliaris* (Retz.) Koeler}, 꼭두서니(*Rubia argyi*), 담쟁이덩굴{*Parthenocissus tricuspidata* (Siebold & Zucc.)

Planch.}, 닭의장풀(*Commelina communis* L.), 개밀(*Elymus tsukushiensis* Honda), 미국자리공(*Phytolacca americana* L.), 애기똥풀{*Chelidonium majus* var. asiaticum (H. Hara) Ohwi}, 지칭개(*Hemistepta lyrata* Bunge), 환삼덩굴(*Humulus japonicus* Siebold & Zucc.), 쇠별꽃{*Stellaria aquatica* (L.) Scop.}, 주름조개풀{*Oplismenus undulatifolius* (Ard.) Roem. & Schult.}, 쑥(*Artemisia indica* Willd.), 명아주(*Chenopodium album* L.), 단풍잎돼지풀(*Ambrosia trifida* L.), 미국쑥부쟁이(*Aster pilosus* Willd.), 개망초{*Erigeron annuus* (L.) Pers.} 등, 중부 지역 들과 밭에 흔히 사는 번식력 강한 풀과 덩굴이 군락을 이루고 있었다.

이 식물들의 이름을 학명까지 상세히 나열한 이유는 두 가지이다. 우선, 누가 알려 주지 않으면 이 녹지가 쓰레기 매립지를 덮고 있다는 사실을 알 수 없을 정도로 '녹음이 우거진 싱그러운' 장소였고 통속적인 '자연'을 대표하는 모양새를 가지고 있었다. 다음은, 이곳에 퍼져 있는 수많은 식물은 소위 잡초라 부르는 흔한 식물로, 정원과 논밭처럼 사람이 관리하는 곳이라면 뽑거나 베어 없애기 바쁜 종들이다. 침입종, 생태교란종, 외래종 딱지가 붙은 것들도 있다. 아마도 주변의 녹지, 농지, 택지에서 번져 왔을 텐데, 비옥한 활엽수 아래 인적이 드문 곳이니만큼 이처럼 풍성하게 자리 잡았을 것이다. 여기서 생겨나는 종자들은 사람 사는 곳으로 다시 퍼질 것이며, 누군가는 잡초 발생지가 되었으니 제초가 필요하다고 말할지 모른다. 그러나 동시에 이 식물들은 모두 이름이 있고, 땅속 쓰레기를 기반으로 삼아 각각의 생태와 생활사와 자생력을 가지는 지구 물질계의 구성원이기도 하다.

매립지 쓰레기의 비균질성

사전 답사를 마친 후 5월 25일과 26일 이틀에 걸쳐 매립지 두 개 지점에서 코어 보링을 실시했다. 지름 50밀리미터 길이 1미터 규격의 파이프를 사용해서 땅을 뚫고 내용물을 뽑아냈다. 상단부의 복토층에서 시작하여 매립된 쓰레기를 거쳐 이 지역의 지반을 이루는 편마암층과의 경계까지 약 17~18미터 길이의 물적 정보 두 세트를 얻을 수 있었다⟨1⟩. 우선 미생물학, 지질학, 생태학 담당자들이 미생물과 미세플라스틱 등 매립물의 성분 분석을 위해 현장에서 관찰하고 샘플링했다. 그리고 나머지를 예술가인 필자가 수습하여 촬영과 보존 처리를 거친 후 아카이빙하였다.

이 표본들은 소위 '쓰레기층'과 '기반암층'으로 명확하게 구분돼 우리의 공통 질문에 대한 하나의 답이 되었다. 그런데 '쓰레기층'이 '인간유래'라는 하나의 범주로 묶일 수 있는지에 대한 판단은 스케일과 규준을 설정하는 연구자의 주관에 좌우되므로 곧바로 판단할 수 없었고, 여러 관점에서 분석할 필요가 있었다.

아카이빙을 위해 시료를 해체하면서, 여러 종류의 물성을 체험할 수 있었다. 예상대로 매립한 지 약 30년이 지난 물질 중에는 석유 연료 기반 합성 플라스틱이 많이 있었다. 하지만 그 이유는 플라스틱만 썩지 않아서가 아니라, 현대인의 삶을 지탱하는 물질 중 플라스틱이 차지하는 비중이 그만큼 높았기 때문일 것이다. 유리와 사기, 가죽과 고무, 나무, 종이, 섬유, 금속, 도자와 시멘트 등 분해되지 않아 식별할 수 있는 사물의 파편들이 나왔고, 매립 당시의 상태를 알기 어려울 만큼 분해되고 뭉친, 그리하여 토양으로 볼 수 있는 물질도 섞여 있었다. 플라스틱은 썩지 않고 종이와 나무는 잘 썩을 것이라는 통념은 맞지 않았다. 신문처럼 얇은 종이도 활자가 선명하게 보일 정도로 잘 보존되어 있었고〈3〉, 나무젓가락도 곰팡이 자국 하나 없이 그대로였다. 매립물은 공기와 빛이 차단된 환경에서 저마다 다른 시간을 보내고 있었던 것이다. 이 비균질한(heterogenous) 물성이 채집 당시를 기준으로 어디까지 인간유래의 것이고, 또 어디까지가 다른 생태계 구성원들에 의해 탈바꿈되었는지, 시간이 더 흐른 다음 어떻게 바뀌어 있을지, 나아가 이 물적 상태에서 인공과 자연의 구분점이 어디 있는 것인지 한마디로 결정할 수 없게 만들었다.

분해란? 흙이란?

이런 상태를 목격하면서 분해가 무엇인지, 그리고 흙으로 돌아간다는 말이 무엇인지, 종이는 잘 썩고 플라스틱은 썩지

〈3〉 이소요 〈플라스티쿼티〉(2022) 비디오 스틸 이미지

않는다는 말은 어떤 상황에서 사실인지 정의부터 다시 생각하게 되었다. 흙 또는 토양은, 광물 그리고 광물을 토대로 살아가는 생물의 부산물과 사체가 섞이면서 만들어지는 물질이다. 사람의 물질대사와 생활로 다 분해되지 않는 물질 덩어리들은 다른 생물, 물과 바람 등 물리화학적 힘에 의해 더 작은 조각으로 쪼개지면서 결국 더는 둘 이상의 단일 물질로 나누어지지 않는 상태가 되고, 또 그것끼리 결합하여 새로운 합성 물질이 되어 가는 과정을 반복할 것이다. 지구의 물질성이 비균질한 만큼, 이런 일이 일어나는 데 필요한 힘과 시간은 한 줄기 햇살과 초를 다투는 찰나일 수도 있고, 지표를 움직이는 마그마의 힘과 영겁의 세월일 수도 있는 것이다.

플라스틱은 흙이 될 수 있는가?

석유계 플라스틱은 분해되지 않는가?
석유계 플라스틱은 부패하지 않는가?
석유계 플라스틱은 흙이 될 수 있는가?

이 질문에 명쾌한 답을 가진 사람은 없지만, 필자는 적어도 '플라스틱은 썩지 않는다'고 단정하기보다 '플라스틱이 언제 어떻게 썩을지 알지 못한다'는 관점을 가지는 것이 더 공정하다고 생각한다.

우리가 간과하는 사실은 페트나 폴리에틸렌 같은 석유계 플라스틱이 생물의 신체를 구성하는 셀룰로스, 라텍스, 송진과 마찬가지로 탄소를 포함하는 고분자 화합물, 즉 유기물이라는 점이다. 이 세상에 동식물이 처음 진화했을 때 이것을 양분으로 삼아 분해하는 미생물이 더불어 생겨날 시간이 필요했고, 그 이전에 분해되지 않은 채 고온·고압의 환경에서 퇴적되고 보존된 생물의 사체가 석탄과 석유 같은 화석 연료가 되었다. 석유계 플라스틱은 흙으로 돌아가지 못하고 보존된 엄청난 양의 생물 화석인 석유에서 연료를 정제하고 남은 찌꺼기를 가공하여 얻는다. 처음 개발되었을 때는 버리는 물질을 활용하여 목재와 동물의 뼈 등 자연물을 모방한 물성을 얻을 수 있어 자연 보전과 경제성을 동시에 달성하는 신소재로 각광받았다.

우리가 간과하는 또 하나의 사실은 석유계 플라스틱의 종류, 즉 구성 요소와 분자 구조가 매우 다양하다는 점이다. 어떤 것은 나뭇잎의 반들반들한 보호막인 왁스와 비슷하고, 어떤 것은 식물의 몸을 지탱하는 셀룰로스와 비슷하며, 어떤 것은 불에 타지 않고, 어떤 것은 자외선에 쉽게 부스러지고, 어떤 것은 환경 호르몬을 가지며, 투명하고 잘 구겨지는 것이 있다. 반면 웬만한 충격에도 쉽게 깨지지 않는 덩어리를 구성하고, 또 열을 가하면 새롭게 성형할 수 있는 것도 있다. 수많은 종류의 석유계 합성수지가 한 가지 방식, 한 가지 속도, 한 가지 힘으로 분해되어 모두 똑같이 자연으로, 혹은 흙으로 돌아가지는 않는다.

필자는 2023년 한국과학기술원 지속가능환경연구단과 수림문화재단의 후원으로 쓰레기 매립지에서 얻은 다양한 물질 중 폴리에틸렌으로 만드는 '검정 비닐 봉투'를 샘플링하여 주사전자현미경으로 1만 배 확대 관찰하였다〈3〉. 그 결과, 빛과 공기가 30년간 차단된 환경에서 검정 비닐 봉투에 균열과 조각이 생겨났으며, 분해가 일어났음을 확인하였다. 이미징 장비의 도움 없이 육안으로 관찰할 수 없는 미시적 스케일에서 우리가 정확하게

⟨4⟩ 이소요 ⟨흙으로⟩(2023) 설치 부분

추적할 수 없는 물리적, 화학적, 그리고 생물학적 힘이 작용하며 폴리에틸렌을 구성하는 원소들의 결합을 깨뜨리고 재배치하고 있었던 것이다.

검정 비닐 봉투는 물과 공기, 그리고 시선을 차단하여 그 속에 담는 물건을 한데 묶어 보호하는 하나의 막(membrane)으로 우리 신체를 구성하는 피부나 세포막처럼 중요한 역할을 하지만, 어디에나 있는 값싸고 하찮은 사물이기도 하며, 버려도 썩지 않고 축적되어 장차 우리 삶을 위협할 수도 있는 잠재적인 재난을 상징하기도 한다. 하지만 유기물인 이 사물을 분해하여 양분을 얻는 균, 세균 등 생물이 발견되고 있으며, 장차 지구상 자원이 고갈되고 인간이 남긴 합성수지가 물질계의 큰 부분을 차지하게 된다면 그것을 자원으로 이용하는 미생물 컨소시엄(microbial consortium)이 발달하게 될 것이라 예상할 수도 있다. 언제 어떻게 될지는 알 수 없지만, 석유계 플라스틱도 자연에서 발생한 다른 고분자 화합물과 마찬가지로 인간이 아닌 다른 행위자들의 힘으로 분해되고 또 '흙으로' 돌아가게 되지 않을까? 인류학자 헤더 데이비스의 글귀를 떠올려 본다. "플라스틱이 합성 물질의 정수라 할지라도, 토양에 온전히 머물러 있다. 플라스틱을 포함한 모든 것은 궁극적으로 지층 속으로 접혀 들어간다. 더 넓은 생태와 섞이면서, 플라스틱은 돌과 기름이라는 기초 요소로 돌아가고, 따라서 세균과 균의 새로운 먹이가 된다."[11]

⟨5⟩ 이소요 ⟨플라스티쿼티 아카이브⟩(2022) 설치 부분. 사진: 김희수아트센터

1 Tim Dee. *Landfill: Notes on Gull Watching and Trash Picking in the Anthropocene*, White River Junction & London: Chelsea Green Publishing, 2018, p. 11.

2 P. D. Simith, "Landfill by Tim Dee review—gulls and us", *Guardian*, 2018.10.24. https://www.theguardian.com/books/2018/oct/24/landfill-by-tim-dee-review.

3 Tim Dee. _____, p. 14.

4 이 글에서는 'ecological niche'를 '생태적 틈새'로 번역하여 썼지만, 생물학 용어로는 '생태적 지위'이다. 농학자 이나가키 히데히로(稲垣栄洋)는 어떤 생물이 가장 높은 지위를 획득할 수 있는 영역으로 좁거나 넓을 수 있고 그 조건이 다양하다는 점을 강조하며 "니치는 틈새가 아니다"라고 강조하기도 하였다. 이나가키 히데히로, 『식물학 수업』, 장은정 옮김, 고양: 키라북스, 2021, 35쪽.

5 후지하라 다쓰시, 『분해의 철학: 부패와 발효를 생각한다』, 박성관 옮김, 고양: 사월의책, 2022, 23쪽.

6 후지하라 다쓰시, _____, 22쪽. 이 내용을 자세히 다룬 책도 우리말로 번역되어 있다. 후지하라 다쓰시, 『트랙터의 세계사: 인류의 역사를 바꾼 철마』, 황병무 옮김, 서울: 팜커뮤니케이션, 2018.

7 https://anthropocenestudies.com/featured-research.

8 이 프로젝트의 예술 전시를 위해 여러 협업자와 후원자의 도움을 받았다. 도와주신 분들(가나다순): 김양우, 센터코퍼레이션, 우주비, 인류세연구센터, 〈인간유래 폐기물〉 연구 팀, 한국과학기술연구원 지속가능환경연구단. 후원: 수림문화재단, 한국과학기술연구원, 한국콘텐츠 진흥원.

9 환경부에서 2002년 전국의 사용 종료 매립지 현황을 조사하여 1,117개소를 목록화한 적이 있으며, 우리 연구 현장도 여기에 실려 있다. 환경부, 『사용종료매립지 관리대상별 현황』, 2002. https://www.me.go.kr/home/web/policy_data/read.do?pagerOffset=5700&maxPageItems=10&maxIndexPages=10&searchKey=&searchValue=&menuId=10276&orgCd=&condition.orderSeqId=803&condition.rnSeq=5722&condition.deleteYn=N&seq=986.

10 한국건설기술원, 『○○시 사용종료 매립지 정밀조사 용역보고서』, ○○: ○○시청, 2003. 지명은 필자가 ○ 기호로 대체했다.

11 Heather Davis, *Plastic Matter*, Durham: Duke University Press, 2022, pp. 10~11.

인류세 풍경: 우리 곁의 파국들과 희망들

초판 1쇄 2024년 8월 23일

지은이 강남우 외 15명
엮은이 남종영, 박범순

펴낸이 주일우
편집 이임호
디자인 cement

펴낸곳 이음
출판등록 제2005-000137호 (2005년 6월 27일)
주소 서울시 마포구 월드컵북로1길 52 운복빌딩 3층 (04031)
전화 02-3141-6126
팩스 02-6455-4207
전자우편 editor@eumbooks.com
홈페이지 www.eumbooks.com
인스타그램 @eum_books

ISBN 979-11-94172-03-1 (93400)
값 25,000원